阅读成就思想……

Read to Achieve

通俗哲学
系列

恰到好处的孤独

ちょうどいい孤独

［日］镰田实 ◎ 著

高建亮 ◎ 译

中国人民大学出版社

· 北京 ·

图书在版编目（CIP）数据

恰到好处的孤独 ／（日）镰田实著；高建亮译. --
北京：中国人民大学出版社，2024.6
ISBN 978-7-300-32835-5

Ⅰ．①恰… Ⅱ．①镰… ②高… Ⅲ．①人生哲学－通
俗读物 Ⅳ．①B821-49

中国国家版本馆CIP数据核字(2024)第096964号

恰到好处的孤独

[日] 镰田实　著

高建亮　译

QIADAOHAOCHU DE GUDU

出版发行	中国人民大学出版社			
社　址	北京中关村大街 31 号		**邮政编码**	100080
电　话	010-62511242（总编室）		010-62511770（质管部）	
	010-82501766（邮购部）		010-62514148（门市部）	
	010-62515195（发行公司）		010-62515275（盗版举报）	
网　址	http://www.crup.com.cn			
经　销	新华书店			
印　刷	北京联兴盛业印刷股份有限公司			
开　本	787 mm×1092 mm　1/32		**版　次**	2024 年 6 月第 1 版
印　张	6.75　插页 2		**印　次**	2024 年 6 月第 1 次印刷
字　数	88 000		**定　价**	65.90 元

版权所有　　侵权必究　　印装差错　　负责调换

与其治愈孤独，不如学会孤独

当今社会似乎开始流行"孤独"的生活方式。年轻人开始崇尚独处，喜欢独来独往。

我认为孤独分为两种：一种是令人厌恶的孤独，也称作消极的孤独；另一种是让人期待的孤独，也称作积极的孤独。关于这两者的区别，我在正文中会为大家做详细的说明。令人厌恶的孤独是一种不被人们认可的孤独，是"被迫居家隔离，减少人际交往，孤苦无助，精神萎靡"的孤独。与之相对的是让人期待的孤独。你不能与其他人见面，会感到些许孤独，但又有自己的时间，可以做自己喜欢的事情，所以这种孤独是一种乐观的、积极向上的孤独。

孤独会给人一种"一个人、孤孤单单"的冷清感，但人并非只有在一个人时才会有这种感觉。在很多情况下，一个人即便身边围绕着很多朋友，也会觉得与他人有很强的距离感。

即便我们有父母或孩子，即便我们有配偶或朋友，我们最终也还是会变成孤零零的一个人。我们孤独地出生，孤独地死去。就算是夫妻，也总有一天会失去另一半。在生命的终点，每个人都在单打独斗。这就是孤独的本质。就算有家庭，也无法治愈人类最本质的孤独。新冠疫情让我们开始重新思考这个一度被束之高阁的问题。

我更主张学会孤独，而不是治愈孤独。我们不要生活在孤独中，而是要学会享受自己的孤独，去追求让人期待的孤独。著名哲学家三木清在他的《人生论笔记》中写道："孤独须归类于理智，不可归类于情感。""要想活出自我，就可能会导致孤独。这是一种理智的孤独，一种难能可贵的孤独。"

你越是厌恶孤独，就越会陷入孤独的泥沼；你越喜欢独处，就越不会被周围嘈杂的声音分散注意力，从而能够审视真实的自己，萌生出"想变成这样的人""想这样做"的想法，从而让自己的面貌焕然一新。我把这种精神上的自立称作学会孤独。

***

独处和独来独往之所以受到年轻人的青睐，是因为现在的年轻人普遍更喜欢独处，他们正在探寻一种学会孤独的方式。

在新冠疫情暴发前，日本的许多公司都有一条不成文的规定：新员工不能比老员工和上司下班早。然而，现在的年轻人根本不理会这条规定了，他们觉得工作都完成了，还待在公司不走没有任何意义。他们不是把工作扔下不管了，而是对"明明没有什么要做的，还要待在公司不走"的恶习说不。

加班应该被看作特殊情况。那些已经完成工作的人可以利用下班时间好好放松一下，也可以看看书来提高自身的知识水平，或者去做一些其他喜欢做的事情。这些都是一个人在生活中不可或缺的重要活动。

在后疫情时代，我们都必须打破迄今为止的垂直社会的规则和假设，思考从现在开始我们应该做什么。为了弄清楚"为什么不能在整个社会中独立生活"这个问题，我们必须找到问题最根本的解决之道。

在不依赖和谄媚他人、享受独处的同时，我们也应该与朋友或集体保持良好的沟通。我相信，懂得学会孤独的人会推动社会进步，最终构建出新的社会形态。

＊＊＊

我将从多个角度来和大家一起思考孤独的快乐与精

彩。不过需要注意的是，我并不是推崇清高的生活态度。市面上的很多书夸大了孤独的积极面，使用"清高"一词来鼓励大家以超然的态度追求个人理想。我认为，这是一种接近理想的孤独状态，但并不是每个人都能过上如此高尚的生活。我认为，只要平时在与别人保持联系的同时，做到想独处时可以独处，享受恰到好处的孤独就很好了。

大家可以好好想一想，有属于自己的时间是多么幸福的事情。在百岁人生时代，每个人大概都会有很多独处的时间。也就是说，在很长一段时间内，你会感到孤独。不过反过来说，你也会有更多的时间去学会孤独。

即使你有家人和朋友，也总有感到孤独的时候。那么，如何将孤独转变成积极乐观的事情呢？简言之，生活快乐与否取决于你的态度。我认为，积极学会孤独的人与消极感受孤独的人，其人生密度会存在很大的差异。

　　有可完全支配的时间就是恰到好处的孤独。能拥有这种孤独的人无疑是幸运的。读完这本书，我希望大家也能觉得孤独真的很不错。

目 录

第 1 章 ◎

朝起暮落，一粥一饭，恰到好处的孤独

如今，孤独与孤立已经成为日本社会不容忽视的两大社会问题。新冠疫情期间，政府要求大家非必要不外出，在严格保持社交距离的呼声中，人与人之间的距离感陡然而生。大家都担心被感染，担忧不明朗的经济前景，在强制性居家隔离期间，很多人因挫败感等负面情绪患上了精神类疾病。

另外，在居家办公普及的过程中，很多人并没有适应这种工作状态，产生了极深的孤立感，患上了新冠抑郁症。

当然，在新冠疫情暴发之前，日本社会就已经出现了孤独的问题。这个问题主要源自人们对自己晚年生活的担忧。这种担忧又引发了不婚主义、低生育率与人口老龄化等众多社会问题。

2022 年 9 月，据日本总务省统计，日本的老龄化率达到了 29.1%，刷新了历史纪录。其中，65 岁以上的劳动人口连续 17 年增长，总人数达到了 906 万人。也就是说，在日本 1/4 的老年人仍需要工作。为应对日益严重的老龄化，特别是老年劳动人口激增的问题，日本政府开始呼吁创造一个人人可以发挥余热的社会。当然，我们每个人还是应该按照自己的节奏，从事自己喜欢的、符合自己风格的工作来贴补家用。这是因为我们已经进入了需要磨炼独居能力的时代。

另外，那些时间充沛、存款充足的人也在担忧自己的晚年生活。也就是说，人们对晚年生活的担忧已成了不可忽视的、十分普遍的社会问题。要想破解这一难题，人们要转变思想观念，做到"自己的活法，自己做主"。

人们为什么会对晚年生活感到如此担忧呢？日本公益组织"老年人科学研究所"调查发现，人们对晚年生活如此担忧的主要原因有：体能下降、认知障碍以及孤独感、孤立感等。人们害怕孤独，尤其担忧"生病了怎么办"。潜藏其中的深层原因是，人们缺少一起安度晚年的朋友。

2021 年 5 月，日本内阁进行了一项对比调查。该调查以日本、美国、德国、瑞典等国的老年人群体为对象，调查结果发现，在日本，三成左右的老年人没有朋友，这一比例远远高出其他国家。

现在，我们已经迎来了百岁人生时代。所以，即便现在配偶或子女仍健在，最终也有很多人要独立生活。想到这些，不管是谁，都会产生孤独感。

***

这种孤独感真的那么可怕吗？我认为不是。我们不要把孤独和孤立混为一谈。我认为孤独与孤立完全是两回事，孤立的确不好，但孤独并非坏事。人们往往认为孤独不好。比如，当有人说他一个人生活的时候，大家往往会抱有同情心，认为"他很可怜"。

在我看来，这种同情心有些多余。我可以举一个朋友的例子。某出版社曾负责我的作品的编辑 A 先生是一个很有趣的人，因为单身，他经常自嘲"一人吃饱，全家不饿"。到退休年龄时，他虽然干劲十足，但还是果断离开了工作单位。他平时酷爱看电影、听戏曲和音乐，因为工作关系，还结识了很多有名的作家，并深受大家喜爱。与他聚餐时，我总能听到一些让人耳目一新的观点。即使我的书出版后，我们也经常聚餐。新冠疫情暴发后，我有些担心他，就打电话询问他的情况。结果，我发现我的担心完全是多余的，他对生活依然充满激情，满怀信心。他好像完全没有受到新冠疫情的影响，人际关系处理得依然很融洽。这种不被新冠疫情困扰、内心充满阳光、一个人顽强生活的精神，着实令人敬佩。

有的人喜欢与人交往，有的人喜欢独处，人们各有所好。与老年人相比，年轻人似乎对孤独更敏感一些。

现在，在城市的繁华地带，一人食午餐的订餐率明显上升。一个人去旅行，一个人去看电影，越来越多的人喜欢无拘无束地过着自己期待的独居生活。我想这与人们天生喜好独来独往的个性不无关系，只不过新冠疫情下这种人权被充分地展现出来了而已。

***

远古时期，人类本是生命脆弱的动物。彼时，野兽环伺，人类为了抵御野兽侵袭、生存繁衍，开始了群居生活。然而，长久的群居生活多少会让人产生窒息感，于是一些人就有了脱离群居生活的需求。我总是觉得大概是因为这些人，人类才成功地走出非洲，开始了数以万年计的伟大迁徙。

总之，人类有群居和独居两种需求。只是如果群居需求过于强大，独居需求就会被其淹没；如果独居需求过于强大，个体就会被社会孤立。因此，只有两者兼顾，才是符合当今社会特点的生活方式。

事实上，当今社会正朝着独居生活的方向发展。特别是在大城市里，核心家庭现在越来越多，两代人同居的时代早已远去。就算是在农村，两代人之间的关系也疏远了许多，父母和孩子一般不会住在一起。"远亲不如近邻"，人们现在大都与生活在附近的朋友更亲近。但是，朋友之间有时容易因一些微妙的细节而产生芥蒂，处理不好往往会让人心力交瘁。

日本社会自古以来就有重地缘、轻血缘的社会特征。比如，在江户时代的长屋文化 ① 中，邻里关系非常融洽。然而，现在大家即便住在同一个公寓内，很多人甚至连邻居长什么样、叫什么名字都不知道。这说明区域内的社团关系正在快速瓦解。

在职场中，日本株式会社这一形式早已名存实亡。

---

① 类似于集体宿舍。——译者注

以往企业中那种拧成一股绳奋力向前的精神已不复存在，企业命运共同体早已坍塌。另外，家庭结构也趋于小型化。不管你是否情愿，社会都变得越来越孤独化了。

换句话说，人们不再像过去那样认为待在群体里就可以高枕无忧了。日本很多大型企业处在倒闭的边缘，人们生活在一个对未来缺乏信心的时代。我认为年轻人之所以喜欢独来独往，是因为他们对时代变化有着敏锐的感知。

众乐乐，不如独乐乐

当你在思考孤独这个问题时，不要去思考那些物理空间意义上的孤独，而是要去思考那些让你感到孤独的心理孤立问题。

如上所述，孤独与孤立是两种不同的状态。孤独是你可以按照自己的意愿选择想要独处的场所和时间。换句话说，你是一个自立的人。请不要误解自立的意思。自立不是说什么事情都要自己去做，而是说在真正需要帮助的时候，有人可以帮助你。

相反，孤立是一种在紧要关头没人能帮你，或不得不生活在社会之外的状态。显然，你没有可以依靠的人。

前面提到的编辑 A 先生，他之所以在新冠疫情期间仍能够保持积极开朗的生活态度，是因为他在退休前积累的人际关系在退休后并没有消失。人走茶凉，工作关系结束后断绝联系的并不在少数。但是，A 先生跟我一样，即便在工作关系结束后，也时常与那些曾经的合作伙伴联系，从中获得灵感。

当然，很多人会一个人做饭，一个人吃饭。有时，他们还会一个人抽空去看自己喜欢的电影和戏剧。A 先生退休后的生活没有被疫情影响，他安逸地享受独处的时间，每天过得自由自在、幸福快乐，真是让我大开眼界。

有些人说自己可以通过网络与人沟通，因此并不会觉得孤独。有些人认为即便不与朋友或同事沟通交流，只要通过网络与人随时随地聊天，就不会被社会孤立。我并不否认网络聊天能防止被社会孤立这一说法。这个说法看似合理，但问题在于这些人通过网络聊天时，有没有收获真正的友谊？彼此有没有走进对方的心里？

我们要拥有面对孤独的力量，即在学会孤独的同时，在紧要关头，你可以帮助别人，或接受别人帮助的力量。换言之，就是一个人要有建立这种人际关系的能力。

在网络世界，你可能有很多聊天好友，但你连对方长什么样子都不知道，在紧要关头，你觉得会有人站出来帮你一把吗？

***

如今，不婚主义正成为一个社会问题。虽说单身人数的增多并不一定会加深社会孤立程度，但我仍然坚持认为婚姻和恋爱只能存在于现实世界。同样，虽说一个人生活并不等同于社交孤立，但虚拟网络空间对孤独感的治愈效果仍让人存疑。

美国杨百翰大学教授朱利安·霍尔特·伦斯塔德在2010年分析了30万名研究对象的数据，指出"孤独会带来短命风险"。然后，在2015年他再次指出"孤独会使死亡率增加26%，而社会孤立会使死亡率增加29%"。一个人如果独居，那么死亡率会增加32%。

可是即便如此，在当今时代，仍有许多人在渴求拥有独处的时间。虽然孤独可能会使人缩短寿命，但是很多人在这段时间里做出了重要的人生决定，获得了成功。很多人因为孤独，做出了别人想都不敢想的选择，过上了精彩的生活。

作为47年来一直在社区推动健康运动的医生，我写这本书就是为了帮助大家减少对孤独的消极看法，发现孤独的积极面，找到"恰到好处的孤独"。

当然，长期以来一直有人对我说独居和社会孤立存在风险。我个人非常喜欢孤独。因此，在牢记孤独会增加死亡风险的前提下，我来为大家谈谈孤独的魅力。

吃得了孤独的苦，才享得了孤独的好

孤独并不是说一直都是一个人。就像 A 先生那样，不被周围的嘈杂打扰，安逸地生活着，让自己焕发新生，用这样的新力量充盈自己，这就是恰到好处的孤独。独居会放大这种力量。

如果你能做到独来独往、强烈地意识到自己就是自己、学会孤独的话，那么很多好事就会发生。

- 自主性提高。不用过度解读别人的想法，产生主宰自己命运的力量。不盲从别人，按照自己的节奏生活，尽管有时也会失败，但我仍然觉得应该这样做。

- 自我价值观越来越清晰，自我肯定感越来越强烈。

- 压力减少。很多人有家庭压力、社会压力及社区压
  力，他们如果积极主动地面对这些压力，就能找到
  克服压力的力量。

- 产生不被他人左右的想法。独处时，既可以开发新
  的业务，也可以让生活方式变得独特和有趣。有些
  人则收获了成功。

- 独来独往会提高你的注意力。与美食达人一起吃饭
  是一件很幸福的事。不过，一个人悠闲地吃饭也不
  错，你可以专注于享受美食，而不用顾及他人。与
  别人一起看电影是一件幸福的事。但是，一个人看
  电影也不错，或者说对酷爱电影的我来说是种难以
  言喻的幸福。一个人玩三千米高坡滑雪时，会产生
  一种无法替代的幸福感。我非常喜欢独处，如果什
  么时候我不再能独自滑下三千米的高坡，那么我想
  我会感觉非常遗憾。

- 发现真正的自己。用列夫·托尔斯泰的话来说，"当
  一个人独处时，会感受到真正的自我"。花时间独
  处会让你发现真正的自己。

- 了解孤独有助于我们重视和爱护他人。

一位名叫皮特·哈米尔的美国记者曾经说过："我不认为那些没有独处时间的人会爱别人。当你一个人生活时，你会爱别人，而不会欺负别人。"

当你喜欢独处、珍惜独处的时光、做事时不和别人纠缠在一起、独来独往时，你的人生定位会变得更美好。你不用担心别人的眼光，要坚定自己的想法。要做到这一点，首先你不要想得太多，试着把你独处的时间积极地融入你的生活，开启你的独处人生。

放下的是执念，收获的是内心的丰盈

再来说说 A 先生。很多大作家或畅销书作家都很喜欢他。我想这是因为 A 先生大概已经超越了工作的界限，与那些作家成了真正的朋友。那些作家在感到孤独或碰壁时，会喊他一起喝酒到深夜，一起去旅行。我想他肯定"拯救"过很多人。当然，他也得到了众多作家的支持。他们之间有一个很重要的"枢轴"，把他们紧紧地联结在了一起。

这个枢轴形成的关系不是作家与编辑之间的"垂直"关系。作为编辑，他的工作是向作者拿稿子，但他并不一定要执着于此。不仅如此，他还会考虑到对方当时的处境，换位思考，珍惜彼此的友谊。或许可以说，他是在放弃职场。我认为 A 先生更多的是在想"对方在想什么"和"自己能帮着做些什么"。无论如何，他与那些作家之间建立起了"好就是好，坏就是坏"的信任关系，建立起了与工作无关的"纯友谊关系"。

因为没有执念，所以也就不存在功利和算计。一旦放下执念，内心就没有功利和算计的余地。你就会发现谁才是真正重要的人，什么事才是真正重要的事。执念太多，你就会被你的欲望困住，动弹不得。如果你抛掉自己的执念，就会发现一些"扔掉也没什么关系"的东西。仅此一点就足以让你生存下去。

如果你在独处时增强了面对孤独的力量，那么反而能够建立起良好的人际关系。大家都想跟精神独立的人交往，所以你与各种各样的人交往的概率会大大增加。

当身边没有人时，你之所以会感到孤独，是因为自己缺少了面对孤独的力量。

唯有孤独，才能让你认清自己的重要性

相信大家熟悉"羁绊"这个词。当东日本大地震发生时，新闻媒体接连不断地从灾区传来感人、暖心的画面，而这就是对"羁绊"二字最好的解释。

"羁绊"原指那些将马等牲畜拴在树上的绳索。同时，它也有诅咒和束缚的意思。此外，最近人们将它比喻成人与人之间重要的关系。

因此，羁绊是束缚人的东西。亲子之间的羁绊、婚姻的羁绊、社区的羁绊、命运共同体的羁绊等，这些都

是让你高枕无忧的基础。但随着时间和环境的变化，它们有时也会以不合理的方式束缚你。什么时候需要羁绊？或者说需要什么程度的羁绊？当情况不同时，你的需要也不同。在整个社会盲目提倡羁绊的呼声中，你开始犹豫要不要表明自己的态度，说"我天生不喜欢羁绊"或"羁绊让我身心俱疲"之类的话。

请大家好好想一下。日本人长期以来一直重视与周围的人形成命运共同体。在江户时代，人们忠于所属藩镇的主君；明治时代以后，人们忠于国家；第二次世界大战以后，人们忠于公司；现在，人们又开始忠于自己的小家。

大部分家庭是让人放心的正常家庭。不过，厚生劳动省的最新数据显示，儿童虐待事件已多达 20.5 万起。许多年轻人在家里会受到性虐待或语言暴力，家对他们来说并不是什么避风港。我们不能忽视那些在家里感到不安的人。

在特定时间、特定环境下，没有什么比主君、国家、家庭更能支配一个人了。有些人在支配关系中掌握着绝对支配权。对我来说，国家、诹访中央医院、社区、家庭无疑都是重要的，但是有些人可能会被这种从属关系压得透不过气来。因为它不一定会保护个人，有时反而会干扰个人的生活方式和自由。

但是，你要是说出这样的话，人家会用怜悯的目光看着你说："居然不珍惜这种关系，真是太可怜了。"有的人甚至还会蔑视你。

当被问及"对你来说什么最重要"时，为什么大家不会回答"我自己"？不论对谁而言，最重要的都应该是自己。

这一点很耐人寻味。我爱诹访中央医院，我爱国家，我爱家人。但是，如果没有"自己最重要"的意识，那么所有这些都是无稽之谈。

***

我很抱歉给那些相信亲情的人泼了冷水，但不良的亲子关系的确会成为个人成长的障碍。

陀思妥耶夫斯基写下了著名的小说《卡拉马佐夫兄弟》，这部小说的主题是"弑父"。

一个贪婪好色的地主父亲和他的四个儿子之间有着错综复杂的关系。这部小说主要写的是，父亲被杀后对嫌疑犯——长子的审判。长子因与父亲性格不合，对父亲大打出手，最终决定杀掉父亲。而父亲真的被杀后，家中财产也被洗劫一空。长子有嫌疑，但真凶到底是谁呢？

此处，我省略了故事的细节。像这本小说一样，父子之间、母女之间的矛盾和恩怨也是日本很多小说的题材。我的意思是，这是一个根深蒂固的社会问题。

你听说过俄狄浦斯情结吗？用精神分析的术语来

说，这是一个男孩为母亲所吸引，嫉妒父亲的某种无意识的内心冲突。据说人类从婴儿时期就有性冲动，会不自觉地想要获得异性父母的好感，同时对同性父母产生嫉妒心理。

换句话说，即使在家庭中，父母与孩子之间也存在无意识的性冲突。男孩爱他们的母亲，而抵触他们的父亲。据说，女孩也有俄狄浦斯情结。因此，无意识中，家庭成员之间会产生各种冲突。

据说在新冠疫情居家隔离期间，家庭暴力事件有所增加。因此，可以说家庭并非安全的避风港，家庭中也隐藏着很多风险。家长要循序渐进、尽可能早地教会孩子们自立自强。另外，夫妻之间也应该在和谐相处的同时，给对方以独来独往的机会，让自己更加成熟，从而塑造新型的家庭关系。

有些父母非常爱自己，并把这种爱寄托在孩子身上，对孩子期望过高，从而束缚了孩子。他们并不觉得这样做有什么不妥。当然，他们打心底盼望孩子好，全心全意为孩子着想，但孩子面对这种殷切的期望，会感到沉重的负担，从而产生抵触心理。

父母有自己的生活，孩子也有自己的生活，父母与孩子之间也要有适当的界限。

***

在人们纷纷倡导家庭最重要的时代，不会出现学会孤独的声音，甚至对家庭的批判都被看作是离经叛道。人们固执地认为在日本不可能有讨厌家庭的人。

如果大家不纠结于家庭，不在意所谓的羁绊，而是专注于自己，那么会不会取得事半功倍的效果呢？我想如果你那样做，你就能看到一些以前在家庭视角下怎么也看不到的东西。这就是学会孤独的好处。当你学会了孤独，就会发现自己的意识，各种焦虑也会随之消失。有时孤独会让事情变得更好、更顺利。

成功人士和强者口中的孤独，是普通人难以企及的。成功人士经常会说，"我之所以成功，是因为我经历过一段孤独的时光"。但是，孤独并不是成功的唯一要素。

毫无疑问，孤独中蕴藏着巨大的能量。普通人要想发掘出这份能量，就必须学会孤独。

有了这种想法，我想任何人都可以做到。尤其是从60岁左右开始，我们身边会发生很大的变化。比如到了退休年龄，我们的生活目标和生活方式就会发生巨大变化，家庭规模也会不断缩小。换句话说，当你到了60岁，重新来到人生的十字路口时，独立生活将是一种十分重要的技能。

第 2 章 ◎

不从众，不迎合，享受独来独往的人生时光

我是被亲生父母遗弃，由养父母抚养长大的。人到中年后，我才对这个事实有了更深的理解，但从小到大我总觉得有点不自在，总觉得自己的存在不太合乎情理。为什么患有严重心脏病的母亲会在岁数很大的时候生下我？为什么我们长得一点儿都不像？亲生父母为什么要遗弃我？

虽然我的养父母人都非常好，但我内心始终无法摆脱"恳求他们抚养我"的意识。所以，不知不觉中，我总是特别在意家人和其他人对我的看法，认为"家庭非常重要""必须合群"，并尽量做一个"乖孩子"，珍惜家人和朋友。

不过，在内心深处，我一直渴望独处，我是一个喜欢发呆的孩子。初中时，我住在东京都杉并区，经常一个人步行 15 分钟去妙法寺后院玩。在当地，这是一座有名的寺庙，很多人会去那里拜佛，但几乎没有人去寺庙后院闲逛。

记得听大人说那里有白蛇。于是，我便在石楼的通风口里找白蛇。事实上，我并没有看到什么白蛇。让我印象深刻的是那里会突然响起阵阵蝉鸣声。虽然年纪不大，但我那时已经开始窥视自己的内心。

然后，我坐在院内的石凳上，读我最喜欢的诗人三好达治先生的诗集《测量船》，其中有首诗叫作《石板路上》：

花瓣凄美飞舞

飘向恬静少女

少女谈笑间漫步而过

轻盈步点化在空中

春光里她睁开双瞳

信步寺院感受春之明媚

寺院乌瓦浸润绿意

角角屋檐

风铎闲挂各处

石板路上

却映着我孤单的身影

我想这首诗描写的是樱花盛开时花瓣飘飘洒洒的场景。我在思索那一凄美瞬间的同时，深刻地感受到这就是人生。我能感受到所有美好和有趣事物背后的变化无常。

诗里原来不只是一个女孩，而是一群女孩。但是，我仍充满了失落感、孤独感……不知怎的，我觉得即使有人在我身边，我也能感受到物哀之美。也就是说，平时我虽然喜欢跟别人打成一片，但内心深处一直有一种"物哀凄美"之感。

在英语中表示孤独的单词有两个，分别为"loneliness"和"solitude"。而孤立为"social isolation"。当谈论"独来独往"和"学会孤独"时，我想到了更具与世隔绝特征的"loneliness"。这个单词比"social isolation"更强调孤独感。人们试图通过有意识地孤立自己来积极地学会孤独。学会孤独意味着孤独并没有什么不好。

"loneliness"表达的"寂寞""悲伤"的感受对人类的生存来说其实很重要。如果没有这些感受，那么我们会忘掉重要的经历。我一直逼迫自己不要忘记"loneliness"，努力成长。

独处，活出一个人的自由舒展

我高中就读的学校是一所东京市立重点高中，能进这所高中的学生都是各个初中的佼佼者。学校校风可以用放任自流来形容。老师们深信树大自然直。这种教育理念可以说是顶尖高中的一种传统。老师们相信到了关键期，学生们自然会发力。

当时，我住在一个叫和田的地方，距离地铁东高圆寺站约 10 分钟的路程。穿过东高圆寺，在当时的东高圆寺站的背面，有一栋脏乎乎的建筑，里面开着一家咖啡馆。那家咖啡馆古色古香，墙壁上爬满了常春藤。我喜欢泡在那里，或是去逛逛妙法寺的墓地。我偶尔还会去吉祥寺的电影院看电影。我想要一些独处的时间。那时陪伴我的是《田村隆一诗集》：

没有语言的世界是一个极昼的世界

我是一个纵向的人

没有语言的世界是一个正午时分的世界

我不能一直做一个横向的人

发现一个没有语言的世界

用语言把白昼的世界写成正午的诗

我是一个纵向的人

我不能一直做一个横向的人

我已经意识到自己是一个擅长与人建立横向联系的人，但我的目标是成为一个喜欢孤独、感觉敏锐的纵向的人。从那时起，我慢慢有了独来独往的想法。

一般来说，人们之所以害怕孤独，是因为他们有一种模糊的恐惧感，害怕自己可能会被孤立在群体之外。这就是大家察言观色、强迫自己与他人融为一体的原因所在。在日本社会，这种趋势尤为明显，从众压力很大。

你不必强迫自己按照世俗的做法，在内心冲突中苦苦挣扎。如果你已经做好了坦然接受快乐和悲伤的心理准备，不去刻意为难自己，那么你的生活应该会更轻松。我的理论是，人总是孤独地出生并且孤独地死去。虽然这很难直接反映在你的生活方式中，但如果能牢记这些原始的感受，那么我想你的生活肯定会有所改变，你肯定会活得更轻松。

换句话说，与其生活在孤独中自怨自艾，还不如好好学会孤独。有些人被人认为是自私自利的，但仔细想想，那样的人肯定很重视自己的感受。他们会做出自己的决定并按照自己的意愿行事。

当然，这其中有一个度的问题。毕竟，对周围的人造成明显的困扰，甚至是让他们感到严重不适是不好的。你必须给自己划定这条红线。值得注意的是，今后要想生存下去，就必须磨炼自己的生存能力，也可以说是坚定不移的力量。其思想基础就是学会孤独。

在有意识的独处中，让生命得到滋养

孤独有"自己选择"的意思。当我们听到孤独这个词时，可以感受到与人疏远的某种细微情绪，但学会孤独是你有意识地创造独处的机会，享受独处的乐趣。

之前，人们为了避免聚集，尽可能地一个人去购物，一个人去散步，一个人去外面就餐。如今，人们逐渐适应了独来独往的生活方式。在这样的时代，人们应该已经感受到了孤独的重要性。

同时，也会有很多人抱怨"不自由、闭塞、生活艰辛、感到孤独"等。我认为这不仅是一个锻炼"坚定不移的力量"的好机会，也是一个学习如何与自己相处的好机会。这些都是我们在忙碌的生活中很容易忽略的东西。亡羊而补牢，未为迟也。

即便我们有父母和孩子，即便我们有配偶和朋友，我们终究也是孤独的。我们都是孤独地出生，孤独地死去。新冠疫情让我们开始重新审视这个被搁置已久的严峻事实。

那么，我们为什么要重新审视个体的独立性呢？新冠疫情只不过是一个契机而已。如果我们不能作为个体去感受、思考、发声和行动，那么我们将难以在未来生存下去。后疫情时代是一个强调个体存在的时代。

***

从青春期开始，我就有一个人生活的强烈愿望。也许我从小就感受到了孤独的快乐，学会了孤独。这不是那种让人讨厌的孤独，而是那种让人期待的孤独。与其说是疏远他人，变得孤立，不如说是给自己创造独处的机会，让自己成为一名独行侠。当你有意识地为自己创造独处的机会时，你的意志就会变得更加清晰明朗。这样做真的很有意义。

那时，我妈妈因为有严重的心脏病，经常需要住院，我爸爸为了支付妈妈的住院费，每天不得不工作到深夜。而我总是孤零零地一个人待在家里，内心感到很孤独。

为了驱除孤独感，我很看重朋友之间的友谊。邻居阿姨们很疼我，有时还会领我去她们家吃饭。即便我曾经历过一段十分孤独的时期，但我一直保持着积极向上的生活态度，并没有感到被他人孤立了。一有时间，我就会与邻居阿姨和小朋友们玩到很晚，跟他们在一起让我内心充满了对抗孤独的力量。

然而，或许是独处久了的缘故，我很幸运能够在没有大人帮助的情况下做出自己的决定，分配和利用自己的时间。我越来越意识到自己是孤独的，从小我就认为自己一定要做到自强自立。

到了吃晚饭的时间，大家就都回家了，我也不例外。那时，家里没有电视机，我只好在昏暗的灯光下，一边看书，一边耐心地等爸爸回家。此时，从图书馆借的书就是我最好的朋友了。

当时，我的班主任了解到我家的情况，对我很是照顾。图书馆的书我可以随便借阅，并不限量。在寒暑假期间，因为经济拮据，我哪儿也去不了，只好一遍又一遍地看图书馆借来的那些书。我想我的孤独感是靠自己治愈的，我有一个无可替代的朋友，那就是书。所以，我并不孤独。

我觉得那些书为我的一生奠定了坚实的基础。或者说，它们扩展了我的眼界，使我对世界充满了好奇心。正因为有了书籍为我指点迷津，我才顺利地走到了今天。

另外，读了很多书之后，我发现人生是杂乱无章的。人生会有很多不如意的地方，所以每个人都应该善待自己，活出自我。可以说，读书不仅让我悟出了很多人生道理，同时也让我体会到了孤独的可贵之处。

***

从本性来讲，我并不喜欢集体生活，而是更喜欢独处。但是不论是否真心喜欢，我都更擅长在集体中发挥自己的作用。

上小学的时候，我们镇上组建了一支棒球队，队员主要是来自六年级的学生，我被选为队长。大家选我做队长可能是觉得我比较合群，能照顾到每个人的想法，让团队成员相处得更和谐。

不过，我也有冷酷的一面，毕竟我的个人意识很强。考大学落榜后，我选择了复读，当时我做过一些与大家格格不入的事情。落榜的同学大都去了骏台预备学校御茶水分校复读，只有我一个人去了四谷分校。比起拥有雄伟华丽的校舍的御茶水分校，当时的四谷分校可以说是破破烂烂，好像随时要坍塌一样。

我也不明白自己为什么要那样做。大概是因为我的智商比较低，如果我和同学们去同一所学校复读，那可能我会整天跟他们厮混在一起。我认为要好好学习，就必须腾出"一个人独处的时间"。

我是独生子，但是跟父母待在一起的时间很少。如果身边有朋友相伴，那我的确可以过得更好些。但是为了改变自己的人生，我下定决心要珍惜自己的时间，专心学习，考上理想的大学。

每天，我凌晨 4:30 起床学习。晚上，要是有朋友约我出去玩，我一般来者不拒，会和他们玩到很晚。但如果太贪玩，那可能最后就考不上大学了。所以，我只好早早地起床学习。

另外，选择在这个学校复读还有一个原因，那就是我知道御茶水分校的辅导老师会轮流来四谷分校讲课。所以，虽然我和同学复读的地方不同，但老师讲的内容相差无几。最重要的是，我有了属于自己的时间。我想大概在这个时候，我就已经有了独来独往的意识了。

这种早起学习和工作的习惯，我一直持续到了 60 岁。我学习时如此，读诗、听音乐、写作时也是如此。我努力创造了适合自己的独处时光。早起学到的知识和每天思考的习惯，成就了今天的我。

就这样，我顺利通过了千叶大学医学院、横滨市立大学医学院、东京医科齿科大学的考试。我独来独往的学习策略获得了成功。另外，大学毕业后，几乎所有的同学都进入了大学附属医院的医局①，在那里接受培训和研究指导，以期成为一名合格的医生。而我却选择了非

———————

① 以教授（即科室主任）为核心，统一调配科室内医师工作、人事的组织机构。——译者注

常偏远的、与大学没有任何关系的地方医院。我之所以做出这种选择仅仅是因为大学的学长曾盛情邀请我说："来这里吧，这里医生少，你能大有作为。"不过，更重要的是，我已下定决心要独立生活。

我工作的诹访中央医院有很多来自东京大学和信州大学等大学的医学毕业生。他们满怀激情地从事着富有创造性的工作。对喜欢独处的我来说，在这种环境中工作如鱼得水。每个人都是才华横溢的独行侠，不过大家的奋斗目标是一致的：守护人们的健康，提升医院的医疗水平。在健康普及活动中，我认识了许多志同道合的朋友。

每个人都在自己的位置上努力工作，然后大家携手向某个共同的目标前进，这种理想的工作状态，不仅仅是在医学界，在任何职场都堪称完美。

成为医生后，我的领导能力有了进一步提升。39岁时，我被任命为诹访中央医院院长。虽然医院里有比我年长 20 岁的资深医生，但是主管医院工作的茅野市市长却推选我做院长。对于这个行政决定，当时医院内部并无异议。

我想，大家支持我，与欣赏我努力建设医院的态度有很大的关系。在医院管理方面，管理人才的引进工作至关重要。因此，我就要为大家提供一个轻松、有趣的职场环境，不断招揽人才。那么，怎样才能做到这一点呢？我一直在思索这个问题。

人生就像一场戏。要想演一出好戏，好的主角、配角缺一不可。不过，幕后工作者也同样重要。

不论是医院还是家庭，与戏剧都有相似之处，都是各种角色聚在一起演一出好戏的地方。在医院管理中，为了吸引优秀的人才，我竭尽全力营造一个便于大家工作的环境。在医院舞台上独自扮演角色的同时，我也在写剧本和故事。

虽然和大家一起"演戏"很开心，但我还是觉得独角戏更适合自己的性格。我的畅销书《不必努力》，大概就是基于这种潜意识写成的。它是我在 50 岁时写的。当我在日本放送协会（NHK）的深夜广播节目做嘉宾时，节目编辑建议我写一本以"不必努力"为主题的书。

因为医院工作繁忙，一开始我并没有答应写这本书。后来，出版社的一位高管亲自登门拜访，劝我说："写吧，我们公司上下定会鼎力相助。"盛情难却，我便应承了下来。没想到，这本书一经出版，便成了畅销书。此外，它还先后两次被拍成电视剧。

每个人都不像表面看起来的那么简单。对许多人而言，在休眠火山的地下深处，渴望独处的"独行侠"精神像岩浆一样沸腾着。这就是《不必努力》大获成功的原因所在。

既然答应了别人，就不能交出敷衍的稿子。但是白天我要在医院上班，实在没时间写。于是我就凌晨 4:30 起床，利用上班前的时间写。写这本书堪称呕心沥血，但我并没有任何遗憾，因为这本书是我"身心孤独"的证明，我必须写，而且必须写好。

活出一个人的价值，才不枉孤独一场

为了养成个体力量，我努力让自己置身于孤独之中，不断找到自己的价值。我认为一个人如果想打破人生壁垒，成为成功的运动员、商人或是作家，孤独非但不是消极的事情，反而是一种力量的源泉。

比约恩·博格曾经是世界排名第一的瑞典男子网球运动员，他在温布尔登网球公开赛上曾获得五连冠的佳绩。如果你看过《博格对战麦肯罗》（ *Borg vs McEnroe* ）这部电影，那么你会觉得博格非常关注自己。他就像一个修行的僧人，我相信这是他力量的源泉。

麦肯罗想阻止博格的五连冠，但是在整场比赛结束时他还是被博格击败了。次年，两人在温布尔登网球公开赛决赛中再次相遇。麦肯罗终于击败了博格。然后，博格在 26 岁时宣布退役。这个年龄对很多网球运动员来说还属于职业生涯的巅峰期，人们对此感到惋惜不已。

球员一旦上场，教练就帮不上什么忙了。球员必须独自与对手战斗，旁观者既可能是盟友也可能是对手。此时，要付出很大的努力才能克服孤独感。

麦肯罗认为很重要的一点是，不要把孤独和焦虑混为一谈。在棒球比赛中，在满垒的紧要关头，救援投手孤独地站在土台上，独自面对对方的击球手。如果击中，或者球被乱扔而接手未命中，则三垒跑垒员将回到本垒。

在如此紧张和焦虑的最后时刻，救援投手须投出一个可以一决胜负的球。怎样才能克服这种焦虑并成为一名值得信赖的投手呢？不要忽略自己，除了为团队赢得比赛外，还要为自己的人生，自信地投出那一球。

一项针对橄榄球运动员的心理健康调查发现，橄榄球运动员的焦虑程度出乎意料地高。即使是那些强壮的橄榄球运动员，也担心在抢断和冲撞时受伤，特别是担心会伤到脊椎。在与这种焦虑做斗争的同时，他们还要躲开对手的抢断并冲刺向前。每个橄榄球战士都在焦虑中以孤独为武器奋勇战斗。

追求孤独，而不是一无所有的孤立

据说，人类要想保持健康，除养成良好的作息习惯、饮食习惯、运动习惯外，人际关系也必不可少。美国国家卫生统计中心在研究后发现，与伴侣关系融洽的已婚者，其死亡率低于未婚、离婚或丧偶的人。但问题是，并非所有的婚姻都会形成良好的夫妻关系。夫妻关系既能促进健康，也能阻碍健康。

换句话说，婚姻质量决定你的生命质量。杨百翰大学的一项研究发现，婚姻幸福的人，其死亡率低于单身人士；但婚姻不幸的人，其死亡率高于单身人士。

疫情期间，人们很长一段时间都待在家里，人容易变得烦躁，经常会为一些琐事争论不休，导致家人之间的关系越来越紧张。夫妻如果想好好相处，那就设身处地多为对方着想，坦诚交流。

还有，是否结婚并不重要，重要的是有没有能照顾你的人。即使你没有结婚，如果你遇到了很好的朋友，仅仅是这样，你的人生也应该很精彩了。

治愈孤独的不是亲情或是金钱等"横向联系"。在百岁人生时代，很多人即使有伴侣和孩子，最终也还是会孤独终老。大家应该清醒地认识到，在生命的最后一刻，每个人都是一个人在战斗。如果你能建立起愉悦的人际关系，那么我想直到生命的最后一刻，你都能快乐地活着。无论你是否有家人或有足够的财富，你都可根据自己的心情积极行动，避免被孤立，建立理想的人际关系。我想这就是大家在家庭关系日渐疏远的社会里，得以生存的希望所在。

读到这里，你找到孤独的意义了吗？你还害怕孤立吗？我想告诉大家如何在保持社交距离的前提下预防孤立。

德国哲学家叔本华曾提出了豪猪困境，据说弗洛伊德也将其应用到了心理学研究中。

在寒冷的天气里，豪猪有挤在一起的习惯。它们全身都长满了针刺，所以挤在一起会刺伤彼此。但如果不挤在一起，它们就又会感到十分寒冷。这就是"豪猪困境"。

当下人与人尤其是年轻人之间相识、交往的机会在减少。前两年，疫情导致的社会疏远加剧了这种现象，使得结婚人数进一步减少。即使你已经结婚，有了自己的家庭，家庭成员之间也难免有各种矛盾。两个人没结婚之前，在一起的时间很少，只要相互妥协，就能和睦相处。但是结婚后，两个人在一起的时间就越来越多，以前不在意的琐碎小事也可能引发冲突，导致家庭气氛变得异常紧张。人在生气的时候，往往会口不择言，会说出很多本可以忍着不说的话。如果你带着糟糕的心情去上班，就会把自己的负面情绪传递到职场。如果你满腔愤怒，那也很容易与他人产生冲突。这种精神压力会让家庭气氛和职场关系进一步变得紧张、不和谐。

如果任由这种紧张气氛不断累积，你好不容易建立好的人际关系就会崩塌。虽说孤独很重要，但如果你变得孤立，那么你将一无所有。在仔细观察豪猪后，你会发现它们保持距离的方式就是缩回它们的针刺，把头靠在一起取暖。所以，为了建立良好的人际关系，我想到了与人保持距离的七大要点。

1. 不要过度侵犯对方的"领地"

这类似于身体上的豪猪困境，夫妻之间和亲子之间都不要过多地干涉对方的想法。例如，如果你闯入对方的工作场所去讨论人性，就会惹来麻烦。"至亲亦有礼"，对家人也是如此。工作是工作，家庭是家庭，要理清关系，妥善处置。

2. 不要害怕被刺痛

豪猪们聚到一起后，扎得疼了，会分开一点；感到冷了，又会聚到一起。豪猪们似乎在不断地重复着这一系列动作。如果你被疼痛吓到，那就保持距离，或许还能和平相处。不过，人与人之间还是要相互理解，我们在与他人相处过程中难免会冲撞对方、激怒对方。如果感到疼痛，那么请保持距离，然后再互相刺痛。只要重复这一过程，我们就会逐渐掌握如何巧妙地保持距离。

3. 永远不要责怪别人

虽然你在与人相处中被人刺痛会感到痛苦，但请记住，你自己也可能刺痛他人。如果你不喜欢别人刺痛你，那么想想你是否也在做同样的事情。当今社会离婚率越来越高，很多时候也并不完全是婚姻中一方的错造成的。你要明白自己的一言一行也可能会伤到他人，所以务必谨言慎行。

4. 即使遭遇挫折，也不要把自己封闭起来

一个人在人际交往中屡受挫折的话，往往就会筑起一道围墙把自己紧紧地封闭起来。即使他面对关系要好的朋友，也不想多说一句话。他会离开你，大都是因为你筑起的这道围墙。关系越好，这种趋势就越明显。你们之间有彼此欣赏的地方，原本应该一直做好朋友。请找回初心，重新发现对方的优点，而无论是在友情、爱情还是婚姻中。一定不要忘记你们相聚时的美好感受。

5. 肯定自己，也肯定对方

接受对方的缺点、肯定对方，需要很大的智慧。"那个人是个刺头。不过，这也是他的魅力所在。"你可以构建一段魅力十足的人际关系。如果你想当然地认为对方有缺陷，就像你自己有缺陷那样，那么你会注意到每根针刺的存在。没有这种针刺，人会变得很无趣。因此，一旦你开阔了眼界，就会发现身上的针刺也是一种魅力。

那么，怎样才能既接受对方，又不会被对方的针刺扎伤呢？当豪猪聚在一起时，它们不会竖起自己的针刺，而是会将针刺弯向自己的身体。这样，这些针刺就可以巧妙地相互摩擦而不发生碰撞了。

6. 不要过度扮演"好孩子"

给针刺带上防护套，用的时候再摘掉，看似"好孩子"的做法。人们可能称其为成熟，但不要被这种想法愚弄。你真正要学会的是如何既保存锋利的针刺，又不伤害别人。这才是真正的成熟。

7. 自己的事情自己做主

因为害怕针刺而拒绝建立人际关系是极其愚蠢的做法。建立在彼此"针锋相对"的前提下的人际关系不仅更真实，也更有魅力。

那么，在日常生活中，我们应该怎样做呢？每个人都必须学会自立。坚持自己的事情自己做主的原则。夫妻之间、家庭成员之间、朋友之间都应该保持一定的距离。如果你了解自己、不迷失自己，这种距离就不会伤害你。你要更加清醒地认识自己，敢于把自己置身于孤独的境地。这就是我所说的"学会孤独"。

我想再强调一遍，孤独并不意味着独立生活。无论你们是情侣还是朋友，保持距离、保持个体存在的完整性是很重要的。夫妻要保持各自的独立，孩子长大了也要保持独立。当天气变冷时，像豪猪一样，巧妙地把"针刺"收起来挤在一起取暖。不是说不要挤，而是要思考如何在不流血的情况下挤在一起，清楚地认识到挤在一起有时可能会刺伤自己，这就是人生的智慧。

我认为每个人身上都有针刺。不论是谁，都要承认这一点。没有它，你的人际关系不仅会索然无味，也不会有什么好的发展。

第 3 章 ◎

你所有独处的时间，决定你成为一个什么样的人

不仅是日本，全世界都在关注"孤独"的问题。近年来，年轻人和女性的孤独、孤立问题成为人们谈论的焦点。受新冠疫情的影响，该话题的热度更是有增无减。

2018 年，英国设立了"孤独大臣"一职，并开通了名为银线的热线电话。英国每年因孤独造成的损失高达3600 亿日元。在健康方面，未来 10 年每个人的医疗费用会增加 90 万日元。孤独造成的后果是毁灭性的。当感到孤独的老年人打来电话时，"银线"接线员可以跟他聊任何话题。据说，该热线每周可以接到 10 000 多个电话。

2019 年世界经济论坛也提出了孤独问题。日本政府虽然姗姗来迟，但也开始着手这方面的研究。日本效仿英国，设立了"孤独·孤立对策担当大臣"一职，其主要工作是预防自杀、照顾老年人和贫困儿童等。

耶鲁大学教授劳里·桑托斯（Laurie Santos）在 2019 年的世界经济论坛上提出："孤独是一种真正的流行病。"全美大学调查显示，美国 60% 以上的学生感到孤独。在英国 16 ~ 24 岁和 70 岁以上的人群中，有 40% 的人感到孤独。在日本，也有数据显示年轻人的孤独感因新冠疫情而变得愈发强烈。除此之外，还有一些令人惊讶的数据。比如，已婚人士更容易感到孤独。关于这一点，我并不感到意外。

过着独居生活的既有年轻人也有老年人。他们一直一个人生活，所以即便发生了新冠疫情，他们的生活也没有太大的变化。但是，有很多年轻人会因为很少能与朋友见面，所以倍感孤独。已婚人士在居家隔离期间，随着相处时间的增多，发现了很多之前并没有注意到的距离感，从而感到孤独。

积极面对孤独，而不是一味地沉沦于孤独

研究失智症的伦敦大学的克劳迪娅·库珀教授的研究小组发现，在诱发认知障碍的众多要素中，"缺乏社会参与"占 41%，"缺乏人际交往"占 57%，"孤独感"占 58%。

另外，美国杨百翰大学心理学教授朱利安·霍尔特兰斯塔德说过，缺少社会联系的孤独感，比吸烟、饮酒、缺乏运动和肥胖等更容易导致短命。他得出的结论是：孤独的风险是肥胖的两倍，与频繁吸烟或酗酒相当。

从约 340 万人的数据来看，有社交关系的人与没有社交关系的人相比，其过早死亡的风险可降低 50%。

人类曾像猴子一样生活在树上，后来进化到在地面可以双腿直立行走。与狮子、豹子、大象等大型动物相比，人类绝对是弱势群体。人类为了生存，不得不选择

群居生活。当有人脱离群体、孤立生存时，就会不自觉地产生压力，使身体产生慢性炎症，患上疾病。

也就是说，孤独会增加人的精神压力，容易引发身体的慢性炎症，比如，血压升高，出现动脉硬化，患上心脑血管疾病，免疫力下降，容易被感染，容易患上糖尿病、癌症、抑郁症，等等。

***

总的来说，孤独感是一种主观感受，既有让人期待的积极的孤独，也有让人厌恶的消极的孤独（或者说"被动的孤独"）。消极的孤独是坏的。

孤立是客观事实。在孤独背景下，孤立更像是被动的孤独，即人们被迫变得孤独，并且更接近于孤立。

过去，人们关注现实世界中的孤立问题。现在，社交媒体中的孤立问题也很突出。在社交媒体的世界里，即使看似你与某人有联系，也无法解决自己的孤立问题。

独处的寂寞和悲伤也会传递给身边的人。孤立带来的孤独感在逐渐增加。因此，我们必须在某处打破这一链条。你要做的就是好好维持积极的孤独，避免感染消极的孤独。

我认为提倡个人主义很重要，所以有时我会想："不用国家管，我不想欠国家什么人情。"然而，在当今社会，我们不能忽视的是，越来越多的人陷入了"令人厌恶的孤独"的困境中。

当然，并不是所有的社交媒体都有问题。社交媒体是毒药还是鸡汤，因人而异。在我居住的长野县茅野市，我参加了一个名为"智能城市"的政府项目，它利用互联网重振当地的节日活动，通过环保和育儿活动积极地解决各个年龄段的孤立和孤独问题。我想把这种项目推广到全日本各地。毕竟，包括日本在内的发达国家，正站在孤独和孤立的十字路口上。

明白孤独的真正意义，才能拥有强大的内心

有人因为与朋友断交而伤心不已，有人因为失恋而情绪低落，有人是家庭暴力的受害者，有人无家可归……当看到人们被迫处于孤独，当看到遭遇欺凌的年轻人想上吊自杀时，我就想弄清楚什么才是人类真正的幸福。

一些哲学家说，真正的幸福只能在孤独中找到，但这是真的吗？虽然今天市场上有很多与孤独相关的书，很多作者会给孤独的人们提出建议，但大多是成功者和强者所写的人生格言，或者说是他们写下的一些"强者逻辑"。这些强者逻辑对个体生存来说固然重要，但对那些深陷社会孤立困境、备感孤独的人来说，毫无价值。这种观点可能有失偏颇。但是，我实在没有勇气对

那些被孤独感裹挟的人、那些发出求救信号后得不到援助的人和那些深陷困境的人说出"孤独是好事"这样残酷的话。

***

有一位年长的大姐，她原本是一家自助餐厅的非正式员工，在新冠疫情中被雇主解雇了，被迫流落街头。她哭着说："我花光了所有积蓄，身上只剩300日元了。"她说她原本以为自己可以一个人生活，所以没交过什么朋友。当她深陷困境时，竟然没有一个人可以帮她。

那我们该怎么办呢？在我居住的茅野市旁边有一个叫作富士见町的地方，那里有一家名为"天河"的农业公司。这家公司种植的生菜真的很好吃。在那里，人们可以边学种植，边学经营。目前，已有不少人学到了一技之长，成立了自己的农业公司。这种观光体验式农业充分利用了农村闲置土地，很受当地人的欢迎。当然，你也可以在那里短期兼职，然后慢慢发展自己的事业。

换一个角度思考，或许会有出其不意的新发现。比如，茅野市有很多空房子，也有很多用人的地方。如果改变一下自己的心态，大胆移居，那么会不会有新的人生机遇呢？

如果是我，我就会想办法弄清楚那样做能有什么收获。寻找与网络支援活动相关的协会，或者致电日本救助服务中心。我会努力找到一个可以生活和工作的地方。

即使你以孤独为目标，也不应该被孤立。渴望孤独的时候，也要珍惜"帮助和被帮助"的人际关系。

我认识一位 40 多岁的女士，她以前的工作是吃青春饭的，后来她离职去了北海道，在那里定居，找了一份牧场的工作。她的前同事也有的转行当了出租车司机。她们在一个陌生的地方，很快就建立起了"与别人相互帮助"的关系。其秘诀就是，"为了生存，努力地与他人建立人际关系，但绝不会说废话。自己是自己，他人是他人"。她们很珍惜自己的孤独，所以也能理解他人的孤独。因为彼此尊重，所以在关键时刻能够相互帮助。那些明白什么才是真正的孤独的人，拥有强大的生命力。

一切按照自己的节奏来，独享岁月静好

我在内科门诊的时候，遇到过因精神压力过大而血压升高的患者和抑郁症患者。疾病总是会传播焦虑，给肉体、精神和经济造成严重的影响。

因找不到工作而陷入经济困境的人也越来越多。我想这种感受一定很痛苦。但是，哀叹孤独和孤立并不会改变什么。至少你应该停下来想想在后疫情时代，应该如何自立，如何不让自己被孤立。当你面对自己时，问问自己"以后应该怎样生活"，这些独处的时间才不会

被白白浪费掉。享受独处的时间，创造新的人生吧。这样，你就能构建新生活，重新审视自己。我想这就是学会孤独的真正意义。

渴望独处是一种很自然的人类情感，就跟饿了、渴了和累了一样。每个人都有独处的需要，这一点并不奇怪。

***

如果你陷入了让自己感到不适的"被动的孤独"中，那么你就不能对其放任不管。在精神上，在社会上，人们都不能脱离社会属性。尽管如此，不幸的是人们仍然经常会陷入"令人厌恶的孤独"的困境中。

日本国立社会保障人口问题研究所2017年所做的一项调查使用了以下指标来评估孤立程度：交谈频率、是否有人可以依靠、是否有人肯帮助你、是否参与社会活动。

据调查，65 岁以上单身男性人群中有 15% 的人、65 岁及以下单身男性人群中有 8.4% 的人，每两周与他人交谈的次数不足 1 次。事实上，25% 的单身男性几乎不与他人交谈。据说，即使是在职场中，单身男性也容易被孤立。其中，收入越低的人群越容易被孤立。

同样是独居老年人，男性比女性更容易被孤立。正如人们常说的，男性长期在公司工作，只在家与公司之间来回奔波。他们与当地社区没有建立人际交往关系，所以在社区里没有什么朋友。一旦到了退休年龄离开公司，他们很快就会发现自己没有什么人可以交往了，于是变得孤立无援。

不婚主义者人数的增多也推动了社会的孤立化进程。据报道，2015 年，日本 65 岁以上未婚男性的比例为 5.9%，但预计这一比例到 2040 年将会达到 14.9%。未婚者既没有配偶也没有子女，有很大的孤立风险。可以说，日本社会绝对是一个"独居者社会"。幸运的是，自 2015 年日本的"贫困人口自立支援制度"实施以来，日本地方政府开始重视社会孤立问题。但我认为该制度作为一道安全防护网，要真正发挥作用，尚需时日。

在日本，退休年龄很有可能延迟至 70 岁。在大城市，人才济济，这些延迟退休的人将成为宝贵的社会财富。一个人退休后继续工作，不但可以增加退休后的收入，还可以构建职场人际关系，预防孤立。如果加强人力资源服务功能，为退休人员创造更多再就业机会的话，我想整个社会可能会变得"朝气蓬勃"。

此外，政府还可以与当地的非营利组织合作，充分发挥居民的才智来振兴社区。为大家创造一个愉快交流的机会，这样可以预防孤立，避免人们陷入孤立的泥沼。

与其孤独地在一起，不如学会各自安好与独处

2019 年，日本厚生劳动省生活状况基本调查发现，

单身家庭的数量在逐年增加，65 岁以上的老年人家庭中有 49.5% 已成为单身家庭。其中，独居男性占 17.3%，独居女性占 32.2%。46.6% 的家庭只有夫妻两个人，三世同堂家庭仅占 3.8%。

这些数字是惊人的。如果任其发展，那么日本社会将变得越来越容易出现令人厌恶的孤独。除单身人士外，有家人相伴的人也会感到孤独。一份女性杂志的调查显示，约有 40% 的受访者有伴侣和工作，但仍表示经常会感到孤独或有时会感到孤独。

你好不容易做的饭，另一半连句"好吃"这样简单的赞美都没有；不论你为他做什么，在他看来都是理所应当的。面对这样的老公，你为什么要做家庭主妇？当儿女已经长大离巢，同一屋檐下只剩下夫妻两个人时，那种孤独、寂寞、得不到满足的感觉，我能理解。

即便与人一起居住，男人也会感到孤独。尤其是当你退休后很难找到事情做的时候，这种感觉会愈发强烈。

当两个人都觉得自己老了，身心不再健康时，就会变得更加沉默寡言。身体不好的人，还容易产生抑郁情绪。两个不完美的人生活在同一个屋檐下，有时难免会感到孤独。

相反，如果你是一个人住，就会觉得一个人是再自然不过的事情了。这时，你非但不会感到孤独，反而会感到很满足。

虽说独居对健康不好，但仔细一想独居也不全是坏事。在医生看来，重要的是你是否满意自己的现状，是否享受一个人的生活。这就是我多次提到的孤独的力量。无论你是否独居，都要了解这种力量的重要性。即使你现在有同居者，也会有独居的那一天。毕竟，人到晚年，往往要一个人去战斗。所以说，我们要学会独立生活。

要预防孤立，你必须具备构建适合自己的人际关系的能力。如果即使有家人陪伴，你也会觉得孤独，那么一个人的时候你更会感到孤独。你要改变这种状态，就必须改变你的观念。要知道，一个人也能过上不孤独的生活。为此，我们要把孤独打造成积极生活的武器。

这就是我的建议。如前所述，谁都不能脱离社会而独立生活。要建立良好的社会联系，你就要珍惜在你困难时能伸出手来帮你一把的朋友。在独居生活中，你要找准自己的位置。真心希望大家都能做到这一点。

孤独是伴随人一生的主题。如果你能构建舒适的人际关系，那么就可以迎来幸福的一生。最近，有人在社交媒体上寻求这方面的帮助，结果如何呢？

一位活跃于社交媒体的人士表示："社交媒体世界中充斥着一种'模糊的人际关系'，因为你无法向与你有联系的人敞开心扉。因为缺乏真实感，所以你不可能与他人建立起真正的友谊。这就是人们感到孤独的原因。"他觉得，如果人们有一个可以发自内心地真诚交流和享受乐趣的地方，有可以信任的朋友，那应该会感到十分安心。这就是他要在现实世界里帮大家结交朋友的原因。这个想法的确不错。然而，问题是如何找到一个适合交流的地方。

我知道的岩次郎烤肉串店是一个可以预防孤独的地方。你如果想去随时都可以去。去的时候大家都会热情地跟你打招呼。当然，还有很多类似的地方。对独居的人来说，这样的地方十分重要。重建自身力量的第一步便是找到一个适合自己去的地方。

我有一个朋友，他喜欢一个人外出露营。最近，社会上好像刮起了一股一个人露营的热潮。听说这股热潮的追捧者既有年轻人，也有中年人。他们自己生火做饭，晚上抬头遥望星空，一个人睡在帐篷里面。据说，这样做可以更直接地感受大自然，可以让人重新振作起来。

另外，当你把做多的饭菜分享给旁边的露营者时，他也会把自己的饭菜分一些给你。人们在互不打扰的同时，分享一个人露营的智慧。这样，他们就不是孤立的了。这件事让我恍然大悟。

***

不应忽视的是，一个人无论是否有家人和伴侣，都存在孤独和孤立的风险。有些人结了婚，有了孩子，却没有朋友，仍然会感到很孤独。我们往往认为结了婚就不会被孤立，其实每个人都有经历生离死别的可能。

我看过的一些患者跟我说"我没法结婚，感到很孤独"，或者"我没有孩子，非常担心自己的晚年生活"。他们十分期待婚姻和家庭，一直在忍受着孤独。

但是，有很多人结了婚，建立了自己的家庭，却还是很孤独。有些人失去了伴侣，失去了孩子，最终孑然一身。有些人曾长期遭受父母的家庭暴力，现在却不得不照顾小时候未能好好照顾自己的父母，担心"不照顾他们，是不是没有良心"。

如今 85 岁以上的人群是需要护理的人群。照顾他们的那一代，大多是六七十岁的老年人了。也就是说，六七十岁的人既要给父母养老，又要操心自己的养老问题，身心俱疲。我想，子女照顾年迈父母的时代很快就会过去。

总之，不管你有没有结婚，有没有家庭，孤独都不会消失。如此，最明智的做法就是寻求更积极的生活方式，想方设法治愈自己的孤独感。只有不受婚姻、孩子等传统价值观束缚的人，才能学会孤独。只有摆脱传统观念，才能激活和学会孤独。

如果你为孤独而苦恼，那么你可以放下这个心理包袱。因为孤独的并非只有你自己，大家都很孤独。但是你要知道，独处的时间是面对、审视自己，有效完善自我的重要时间。

　　除了选择合适的同伴外，你还需要重新审视一下自己的婚姻关系。如果没有培养独处能力，而仅仅是因为孤独就想找个人结婚，那么你的婚姻很可能不会持续很久。

　　如果夫妻双方都能培养出较强的独处能力，那么结果又会如何呢？这是一项培养独处能力的实践活动。

　　人无完人，谁都有缺点。两个有缺点的人结婚后要生活在一起。如果你不敢正视这一点，而是一味地逃避，就很有可能变成酒鬼。有很多人因为婚姻，患上了抑郁症。

　　积极独处的人可以很好地利用独处的时间。他既明白自己好的一面和坏的一面，也明白别人好的一面和坏的一面。虽然这并不意味着他不会离婚，但他想到对方好的一面时，会犹豫要不要离婚，这也就在一定程度上降低了离婚率。积极创造彼此的独处时间，会产生更多的同理心。

比如，每年独自旅行，在一个陌生的城市一个人吃饭。那时，你可能会想念自己的伴侣。据说日本在疫情隔离期过后，离婚率飙升。这是因为夫妻两个人在疫情期间相处的时间太多了。因此，我们要善于找到恰到好处的独处时间。然后，两个人渐渐地学会各自安好，学会孤独。

利用孤独，提升生命的质量

孤独不只是你一个人的时候产生的情绪，也可能是在很多人面前，你感到与他们的距离感，从而产生的情绪。这是心理上的距离，不是物理上的距离，这就是社会孤立的本质。

那么，什么是心理距离呢？孤独与其说是身体上与社会疏远的物理距离，还不如说是"周围没人理解我"的焦虑问题。当没有人认同我的观点，或者当没有人接受我的好意时，我会感到焦虑，心想"自己是不是不应该来这里"，然后慢慢地感到了孤独。

用德国哲学家叔本华的话来说就是："一个人只有在独处时才能成为自己。谁要是不爱独处，那他就一定不爱自由，因为一个人只有在独处时才是真正自由的。"

一个人只有喜欢独处，才会去追求真理。有人将其升华后，表现成了孤高。然而，不是每个人都能以这种超然的态度去追求真理。那是一个只有强者才能达到的高度，对我们这种容易"迷路"的普通人来说意义不大。

尽管如此，我还是认同那种积极面对孤独的态度。消极的孤独就是深陷孤独、悲伤的情感漩涡，内心退缩不安。

相比之下，积极的孤独是一种刻意的独处，可以让你将"噪声"屏蔽于门外，专注于你的思想和生活，为你创造享受独处的时间。

我们即将迎来百岁人生的时代。在漫长的一生中，很长一段时间内我们不得不独处。此时，无论你是积极地接受孤独，还是消极地回避孤独，你的人生密度都会因你的人生态度而发生转变。

如果你感到孤独，那么请将注意力转移到某件事上。你可以把自己的时间变成某种积极的东西。在当今社会，我们需要频繁地与他人交流，有自己的时间真是太好了。

在为了家人和公司的未来努力工作时，我们也会做出违背自己内心意愿的事情。孤独给予了我们寻求独处的机会，大家何不学会孤独呢？如果在生活中能做到以下四点，我们将不惧孤独，甚至是可以利用孤独提升生命的质量。

丢掉"求赞"的想法，提高自我肯定感

在社交媒体上，很多人会上传好看的照片和华丽的场景，求大家"点赞"。这背后是渴望认同的心理，"想

被认可""想被赞许"。

不论是谁，都渴望得到别人的认可。但是，如果太执着于这种想法，就会迷失自己，稍有失败，就会陷入焦虑之中。所以，要放弃这种求赞的执着心，将注意力放到自己的生活上，细细体会自己生活中的喜怒哀乐，不要太过在意他人的看法。

我个人认为那些"求赞""求关注"的人都缺乏自信心，对自己大多持否定态度，认为"别人都很有能力，唯独自己……"这是一种自卑心理。他们因为不能"自我赞赏"，所以会有强烈的孤独感和孤立感。

一个人为什么不愿意肯定自己呢？这是因为大家都有从消极面看待事物的习惯。也就是说，喜欢负面思考。有些人因过于在意别人说的话而受到伤害，觉得"这个人不相信我"。这时，你要做的就是先去相信对方。如果把这种负面思考看作人格、品行不好的话，就会让你倍感痛苦。你可以把它看作某种习惯，只要改掉这种习惯就好。不论改掉自己的习惯有多难，你都应正视这个问题，一定要改掉这个习惯。必须牢记这一点，一定要改掉这种消极的生活态度。

不攀比，珍惜自我满足感

人是喜欢攀比的动物。攀比除了徒增烦恼外，没有什么好处。即便你觉得自己高人一等，也不一定就能获得比别人多的尊重或财富。我认为攀比并不能减轻你的焦虑，更无法消除你的孤独感。如果你想体验到真正的快乐，那么别无选择，你只能努力磨炼自己的本性。此外，人在攀比后，如果自觉不如人，那么往往感到嫉妒或者自卑，很有可能还因此患上抑郁症。

通常，有嫉妒心和很深执念的人往往容易感到孤独。他们喜欢攀比，这样只会徒增烦恼和孤独感。别人过着充实的生活，他们却只会下意识地跟别人比来比去，很难不感到悲伤、孤独和寂寞。

当你跟别人攀比时，难免会产生自卑情绪或者让自己沉浸在一种虚妄的优越感中。两者都称不上积极情绪。但是，人很难戒掉这种攀比心。因此，我们应该认真考虑一下怎样才能戒除这个坏习惯。

罗马帝国初期的斯多葛学派哲学家和政治家塞内卡曾说过："你对自己的看法远比别人对你的看法重要。"不要攀比，要面对真实的自己，让自己不断成长。

人只有感到满足时，才会很快乐。无论是运动成绩、学业成绩，还是销售业绩，如果你认为自己得到了满意的成果，就会感到满足。然而，即使在与他人竞争中得到了满足感，这种满足感也不会持续太久。你不断地与对手竞争，迟早会感到疲倦；或者就算赢了一次，一想到下次有可能被反超，心就会慌乱起来；抑或是无法正确地评估自己的实力，变得严重不自信。

所以，请认识到真正的敌人是我们自己，要转换攻击目标。丢掉自己与他人比较的相对评价标准，改掉攀比的习惯，将注意力分散到别的方向，想想怎样才能获得真正的快乐。如果有一个绝对评价标准，那么你就会产生成就感和满足感。

不让嫉妒心作祟

在堕入寂寞的地狱的人群中，有的人陷入了自己制造的绝望中，他们的嫉妒心吞噬了自己的灵魂。因此，保持自己的独立性，就能将你从孤独的陷阱中拯救出来。

藤村俊二是大家都很熟悉的老演员。他擅长以轻松、时尚的方式演戏，人们亲切地称他为"闪叔"。他曾在六本木经营过一家名为"闪逃"的高级酒吧。据说，当那些让他讨厌的客人来店时，他就会闪人。所以，他得了这么一个绰号。我过去常常去他的酒吧喝酒，也经常邀请他去我父亲晚年去过的岩次郎小屋。我们青梅煮酒，畅聊人生。

他说道："年轻那会儿，我喜欢攀比，越比越生气，整天闷闷不乐。我想比别人穿得好，吃得好，工作更体面……"

"人，只要跟别人比，就会有不如意的地方。然后，就会不停地跟人比下去。与其不停地跟别人比下去，还不如珍惜自己真正喜欢的东西，过自己想要的生活。"

这就是"闪叔"的人生哲理。只要不过分地跟他人攀比，就能活出本来的样子。然后，你就能参透"万法自然"的人生哲理，就会劝慰自己"这没什么大不了"，你的执念就会悄然消失，你就能获得真正的自由。"闪叔"似乎已经参透并践行了这一人生哲理。

不攀比是一种很重要的生活态度。如果你总是跟别人比，最后你就会发现自己其实做了很多没意义的事。当你摆脱攀比这一欲望陷阱时，就能做回真正的自己，发现每个人与生俱来的个性。如果你重视自己的个性，你的独处时间就会越来越多，一个人的生活也会越来越精彩。

不依赖他人，也不要在意别人的看法

此外，执念深的人往往会不自觉地依赖伴侣和父母，常常会感到焦虑。因为执念深，他们想当然地认为亲近的人会一直在自己身边。然而，无论是伴侣还是父母，都有自己的想法。因此，大家要正视这一点，努力改变自己。

人可以自私地活着。自私并不意味着你不关心他人。当然，自私是将他人排除在自己的势力范围之外。你可能会反对说："如果那样做，朋友就会离我而去。"但我想说的是，真正的朋友是指可以倾诉内心情感的人，真正的朋友可以无话不谈。当你遇到困难时，他会想尽办法来帮你。在人的一生中，有一两个这样的朋友就足够了。

当我被分配到长野县那家医院时，很多同学劝我说，"最好别去乡下这种不怎么赚钱的医院"。但我本来就敢于火中取栗，对升职、派系毫无兴趣，一心只想在医学领域做点自己想做的事。

虽然没能事事如愿，但能与医生同事们走遍农村，开展群众健康运动，让我感到无比骄傲。经过多年的努力，当时还是日本平均寿命最短县的长野县，现在已经成了为数不多的长寿县。

我们从小就生活在一个充满竞争的世界中，不停地参加各种比赛。但是，如果你总是拿别人的看法来衡量自己，那么就无法做自己真正想做的事。我建议大家在不给别人造成困扰的前提下，自私地生活吧。

消除让你感到焦虑的时间

当你一个人在家无所事事时，常常会感到焦虑和孤独。当你独处时，心就会动摇，容易出现情绪的空隙，进而滋生焦虑。

如果你消除了这种"空白时间"，就会减少很多焦虑。那么，怎样消除这种空白时间呢？具体来说，你可以全身心地投入你的爱好之中。无论是运动还是读书，任何能让自己沉浸其中的事情，你都可以去做。我比较推荐运动。当你运动起来后，所有的空虚和焦虑感都会随之消失。

当一个人沉浸在某些事情中时，焦虑就会消失。如果是有趣和令人兴奋的事情，那是最好不过了。但这并不是必需的。最重要的是，要用别的东西来填充你的头脑。虽然大家可能看不惯这种"散心"的做法，但我认为这样做可以填补内心的空虚，缓解焦虑。

有些人认为孤独的痛苦源自你对孤独的不适感。当你感到不适时，往往会否定自己，认为"我不是一个正常人""我之所以孤独，是因为大家都不爱我"。这种负面情绪会把人包裹起来，使其备受孤立之苦。

与其批评自己，不如"宠爱"一下自己。孤独不是坏事，感到孤独的并非只有你一个人，想跟别人联系就联系，只要不被孤立就好。

成为可以驾驭孤独的人

独来独往的真正意义在于忍受孤独，倾听自己和周围的声音。简言之，就是感受周围的环境如何影响你的情绪、思想和身体。当听到网络上的批评声或日常生活中的闲言碎语时，你可能会感到非常痛苦。如果你将其视作声音，就可以将不愉快的事情看作噪声并从脑海中抹去。如果你仔细倾听，就会明白以后应该做些什么。如果你的心是平静的，焦虑和孤独感就会消失。

孤独是一种很奇特的情绪。如果你认为它会一直持续下去，那么它就永远都不会消失。但是，如果你认为明天的太阳照样升起，那么当你第二天早上醒来时，你可能会感到一身轻松。对你来说，重要的是不要强迫自己相信它会永远持续下去。长期的孤独和焦虑会损害人的健康。如果你置之不理，时间长了就可能会导致抑郁，所以不要害羞，要多与周围能帮到你的人交流。另外，也要多观察。最起码，你可以采取一定的措施避免被孤立。在某些情况下，你也可以尽早咨询心理医生，寻求他们的心理辅导。既不要害羞，也不要害怕，越早行动，就能越早走出被孤立的泥沼。

要想不被孤立，首先要有一颗尊重别人的心，而且要有不求回报的精神。你尊重别人，别人才会尊重你。不论你是否认识他，只要你尊重他，他自然就会尊重你。这就是学会孤独的秘诀。

像尊重别人这样的小举动不仅能让别人开心，还能滋养自己的灵魂。你的心态和行为可以让你摆脱孤立和消极的孤独感。

如果你擅长驾驭孤独，那么你肯定能经营好自己的家庭。你不会困于孤独而变得闷闷不乐，拒人于千里之外。你也有可能变成微笑强者，拥有保护自己的力量。当你善于与人保持距离时，别人有难，你自然会伸出援手。这样，你就能妥善地保护自己的时间。如果你过度地保护你的孤独，在周围制造紧张的气氛，那么你将难以驾驭孤独。

不向周围的目光妥协，才能找到适合自己的孤独

当你明白一个孤独的人所拥有的力量后，你就有了冲破阻碍、挑战权威的力量。想改善孤独感，在合理的孤独感中变得更强大，就要培养强烈的自我意识。那么，你应该怎样去培养这种意识呢?

***

试着记情绪日记，记录每天发生的事情或某件事情发生时的内心感受。

不管事情多么微不足道，请都一定记下来。某研究表明，如果你找到自己的某个闪光点，夸赞自己，就能

释放积累的情绪，治愈心灵，激活自律神经系统，提高免疫功能。就算有什么不好的事情发生，也要记在情绪日记里，这样你的坏情绪就能像垃圾一样被扔到里面。据说，这样做还可以改善睡眠。

当心灵得到治愈时，信心就会恢复。记住，一定不要攀比，而要肯定自己。这样做，焦虑和孤独就会消失。

被誉为书法诗人、生活诗人，以诗集《人间田物》著称的诗人、书法家相田光雄先生这样写道："别人的尺度和自己的尺度，标准各异。"

要知道，相田光雄并不太擅长说此类的话。当你说一些好话时，总会让人心生感激之情而牢记在心。但如果说得太好，那么对方往往不会当真。不过，我还是非常赞赏他说的这句话。

用别人的尺度来衡量自己，怎么也量不准；用自己的尺度来衡量别人，也同样量不准。在镰田式的情绪日记里，我试着用自己的标准来看待事物，比如，"以我的标准，他的语言和文字都很好"。通过重复情绪日记，个性将会显现出来。

写到这里，我终于体会到以前敬而远之的相田光雄先生的心情了。对于情绪日记，我既想批判它，又想跟它建立某种联系。自由不羁，也没什么不好。

用自己的标准来评价自己，能发现之前未曾注意到的"内在特征"。如果你在脑海里不断锻炼自己的独立意识，孤独所爆发的能量就会大大提升，你就不会被人际关系束缚和击溃。这样即便在新冠疫情期间，你也能保持独立思考，坚强地活下去。因此，创造独处时间，认真面对自己意义重大。

我们往往认为自己的事情自己最清楚。实则不然，我们很少花时间去思考自己的事情。

如果觉得记情绪日记太麻烦，那就把自己能想到的优点尽可能多地写在笔记本或记事本上。这样，肯定会出现一个让人耳目一新的形象；你也能找到并集中发展自己的优势。

这样做，可以让你摆脱与他人的比较。寻找"恰到好处的孤独"的第一步就是意识到自己的存在。

***

接下来，我的任务是为自己的工作和生活设定目标，每天检查一下自己的状态。如果感觉今天比昨天做得好，就好好夸赞一下自己。

但是，不要设置简单、粗暴的指标，比如，数字指标或排名指标。因为，指标只体现结果，并不体现过程或思路。请评估一下自己的思路，看看你对目标有什么样的理解，是否理解有误，以及能否实现这一目标。明确自己必须做什么，并努力付诸实践。一旦你的目标明确，信念坚定，所有杂念就会悄然消失。

你可以"任性"。如果你坚信"没错，就应该这样做"，那就肯定能进步。你只管努力，成功会如约而至。当然，这并不是建议大家在商界争取成功，成就自己的人生。而是说，你要明确自己的目标和信念，不盲从他人。因此，我认为喜欢独处的人更能集中精力做自己想做的事，成就自己的人生，在商界脱颖而出。

你要意识到自己的存在是进入主动孤独状态的关键。但是，当你成为孤独的主人时，自我意识就会消散。不管是自己也好，别人也好，到头来就像老子说的那样，都会达到一种无为而治的状态。你会过上自己想过的生活，不被他人左右。这样，你就能找到适合自己的孤独。

比尔·盖茨曾说过，"不要将自己与世界上的任何人比较，因为这是对自己的一种侮辱"。作为世界首富，微软公司的创始人比尔·盖茨在个人生活中厉行节俭。

他虽然很有钱，但却只坐经济舱。住酒店时，他从不住套房，他最喜欢的食物是快餐，可以说他是后行节俭之楷模。

但是，他通过自己经营的基金会，每年都会为各种事业捐出巨额财富。他的财富哲学观是："财富并不属于个人，它来自世界，也应回馈世界。"我想这种"任性"的想法，肯定会得到世界上所有人的欢迎。

他从不攀比，坚持自己的观点，保持孤独的生活方式。正因为如此，他说的话才更有说服力。

***

我想我们还可以从电影中了解孤独。

有一部 2013 年上映的荷兰电影，叫作《虔诚的鳏夫》。这部电影讲述了失去妻子的中年男人与另一个男人共同生活的奇妙故事。

生活在荷兰乡下的中年男人弗雷德失去了挚爱的妻子，独生子在跟他闹翻后离家出走，于是他过上了孤苦伶仃的生活。

有一天，一个男人出现在他面前。不管怎么问，对方都不肯说出自己的名字。这个陌生男人帮弗雷德干完院子里的活后，弗雷德邀请他进屋吃饭。这个陌生男人性格沉稳。弗雷德决定留下这个似乎无家可归的人，让他在家里过夜。就这样，他们开始了奇妙的生活。

当弗雷德带着这个陌生男人去自己经常去的教堂做弥撒时，这个男人像指挥家一样张开了双臂。弗雷德还教这个男人踢足球。

就这样，两个人平静地生活着，但周围邻居却投来冷冷的目光。弗雷德决定带着自己攒下的钱去瑞士的马特宏峰，他是在那里向妻子求的婚……

弗雷德的朋友警告他，如果他继续与那个男人住在一起，他将被教会拒于门外。但弗雷德不听朋友的忠告，选择继续与那个男人同住。

有一天，弗雷德去了一家酒吧。那是一家小酒吧，在台上唱歌的是一个化了妆的年轻人，看起来倒像是女性。当那个年轻人在观众席上看到弗雷德时，他的表情似乎凝固了。他就是跟弗雷德越来越疏远的儿子。

弗雷德终于理解了儿子，为儿子的表演拍手称赞，自豪地叫着儿子的名字："约翰！"儿子看着父亲笑了笑。

在那之后，弗雷德来到了马特宏峰。失去心爱的妻子、被孤独折磨的弗莱德向陌生人敞开了心扉，并且他没有向周围的目光妥协，依旧过着平静的日子。

你既不必苦思冥想，也不必非要拉着别人去电影院看电影。其实，一个人安安静静地看一场电影也不错。看的不是必须是那种大众喜爱的电影，可以是大家没怎么发现其中隐藏的魅力的电影。毕竟是一个人去，所以电影不好看也没什么，它也能帮你在黑暗中度过一段独处的时光。我喜欢电影院里面黑暗的环境。如果你能找到并独自欣赏一部充满孤独感的电影，你就已经成为孤独达人了。

第 4 章 ◎

既不在别人的世界里兵荒马乱，也不在自己的世界里自怜自艾

披头士乐队的约翰·列侬和苹果公司的史蒂夫·乔布斯年轻时都很孤独。这不是说孤独可以造就天才，而是说孤独能激发出你内心的潜力。

从动物学角度来讲，人类是一种脆弱的动物。为了能在非洲大草原上生存，人类组建了家庭，过上了群居生活。这也是我们在独处时，会感到孤独、悲伤和寂寞的原因，害怕孤独是我们人类的本能。

"孤立""孤单"这些词里面都有一个"孤"字，"孤"的意思给人的感觉不好。我们需要重新审视孤独的问题，而不是选择性地对孤独视而不见。这样，我们才能接受孤独。

我自己曾经是一个非常孤独的人，不知从何时起，有了"与其忍受孤独，不如玩味孤独"这样的想法。

随着年龄的增长，每个人都会失去一些东西。当你退休时，你的头衔和职位都会离你远去。人们外出聚餐的地方少了，也失去了一些重要的朋友，甚至在某些情况下与家人天各一方。

有些人喜欢独处，有些人则不喜欢。这完全取决于你的喜好和执念。如果你的执念较深，那么你可能无法接受自己的改变，从而陷入孤独的泥沼。

如果你执念较深，那么你可能会嫉妒同龄人的成功，在与人攀比后说"我不行"。不过，别人是别人，自己是自己。能划清界限的人，就是生活中的强者。

屏蔽掉不必要的纠葛，更好地打磨内在的自我

独处时，我们可以借机调整自己的人生轨道。独自一人思考时，可以看到生活的本质。和别人在一起时，你的意识是由内向外扩散的。这时，你很难面对自己。

但是，独处可以让你专注于自己而不受他人的影响或限制。换句话说，你可以在独处时重新审视自己的思想、行动、价值观等，打磨内在的自我。

当你身处困境时，有朋友帮你渡过难关固然不错，但如果没有朋友可以求助，你也可以在冷静思考下调整自己的人生轨道。如果因担心失去朋友而把自己伪装起来，就会逐渐地迷失自己。你需要时间独处，找回真实的自己。请静下心来，聆听内心的声音吧。

当你认真面对自己时，就自然萌发出对自我的爱惜。这是因为你会发现自己在什么时候最快乐，以及怎样做才能实现这种快乐。

这就是所谓的"观心"，也可以称其为"心如止水"。你不必理会那些让你纠结的事情，并且要比以往任何时候都更爱自己。

我认为，孤独就是回归本性、认清自己。换言之，就是重视"个体"。如果你重视自己，那么你肯定会尊重家人、朋友和伴侣。

虽然现在的年轻人被人们批评为任性的一代，但我喜欢他们身上的不凑合的、干净利索的气质。他们不谄媚、不虚伪、有想法，行动起来目标明确，

他们可能厌倦了日本的那种动不动就"集体参与""需察言观色"的环境，想成为学会孤独的人，开始认真思考"为什么不能一个人待着"。

这种趋势可能会改变未来日本社会的结构。无论是在社会上、朋友之间，还是在职场中，如果觉得凑在一起难以忍受的话，从众压力就会变小，整个社会的面貌就有可能变得清朗。

***

人类在成为社会的一分子之前首先是自然的一分

子。人类出生的时候是孤独的，死亡的时候也是孤独的，本质上是一种孤独的存在。每个人都有独处的欲望。虽然说人们很享受与朋友在一起的时光，但有时他们也想独自听听音乐，冲泡美味的咖啡，看看书，或者只是坐下来看看窗外的风景，听听雨声。一个人的时光，也是一种快乐的时光。孤独是人类的本能。每个人都隐藏着一种时不时想要独处的愿望。

与人交往，会迎来丰富、精彩的人生。但是，它的前提是你能建立起真实可靠的人际关系。那种三心二意、单方面依赖、背负沉重心理负担的交往，都不会让你产生成就感。

如前文所述，在互联网世界里你能与陌生人轻松地分享你的爱好和兴趣，身心令愉悦。但同时，这种关系也容易让人产生依赖感，认为"必须一直和他保持联系才行"，否则就会感到孤独。

但究竟什么才是重要的联系呢？仔细想想的话，你会发现很多社会联系其实并没有那么重要。你拥有的朋友越多，你与他们交往的时间就越多。但是，这些交往并没有给你带来太多的充实感，如流水一般，来去匆匆。你甚至可能会发现自己一直在倾听别人的抱怨，被卷入其他人的纠葛中。你把宝贵的时间都浪费在了这些无聊的事情上，对自己来说真正重要的东西却被抛在了脑后。

请记住，孤独是人类的本能。鼓起勇气断掉一些联系也许并不是什么坏事。这样你就不会陷入不必要的纠葛中，或者可以从不必要的纠葛中守住自己宝贵的时间。虽然你不必像修行的僧人一样切断世间的一切联系，但有些联系的确妨碍了你的独处时间。我觉得每个人都应该定期清理那些不必要的联系。

***

在心理学中，有一个术语叫作"行为矫正"。它的意思是指，回顾迄今为止的任性行为，控制不良行为，增加理想行为，也可以简单地将之理解为"去恶扬善"。

其实，我本人也曾做过行为矫正。高三的时候，我想成为一名医生，下决心每天凌晨 4:30 起床，专心备考。正如我之前提到的，我是那种无法拒绝朋友邀请的人，如果是在凌晨，那么他们大概不会邀请我去一起玩。现在回想起来，其实我自己那时已经有意识地开始独来独往了。

幸运的是，早起并没有让我感到不适。我养成了早起的习惯。这种习惯让我在从事医疗工作的同时写出了几十本书。

就我本人而言，早起改变了我的行为模式，给我创造了独处的时间。早起后，我不但可以学习，还可以创作。早起让我充满了不断向前的动力。在创造独处时间后，我的生活以及整个人生都发生了翻天覆地的变化。

也就是说，稍稍改变一下自己的行为，你就会产生莫大的自信。你可以迈出更大胆的步伐。积少成多，当你做得足够多时，你的人生就会发生质的变化，给你带来惊喜。

试着改变一下自己的生活方式，创造属于自己一个人的时间吧。正如我多次提到的，独处时间不仅是重新发现自己的时间，也是充实人生的时间。

孤独的特权就是可以随心所欲地支配自己的时间

我们应该如何度过自己的独处时间呢？我的观点就是"做自己想做的事""解放自己，成为更自由的自己"。

随心所欲地使用自己的时间，可以说是孤独的特权。想吃什么，想看什么，想去哪里，不用看别人眼色，自己决定就好。

无论是漫无目的地前往陌生的城市，还是读书、看电影，你都可以尽情享受独处的时间。当你能独立生活时，你可以做自己喜欢的事，这样生活也会变得更有趣。作为人生第二阶段，60 岁开始的新生活会将你从被束缚的生活方式中解救出来。

仔细想想自己喜欢做什么，认真地对待自己的愿望。不知不觉间，你就精心雕刻了自己的独处时间，你就会变得更强大，成为一个有趣的人。

从表面上看，你似乎是一个与周围格格不入的人。不过，有些人会认为这样做很酷，很有魅力。只要你内心强大了，就根本不用在意这些。珍爱自己，磨炼自己，执念就会逐渐淡化。独处会让你接受事物本来的样子。如果你常去酒吧，那么独自一人去喝酒，不是什么无奈之举，而是一种新的生活方式。

一个人旅行也不错。去一个陌生的地方，去看不同的风景，感受不同的气氛。你一个人可以去任何想去的地方，随心所欲地享受独处的时间。陌生的地方可以刺激大脑和内心，或许你会因此产生新的人生感悟。

一个人可以随心所欲地做自己想做的事，无须适应别人的日程安排或打扰别人。尝试新事物有助于你更好地认识自己。

你要敢于挑战自己不擅长的领域，拓展自己的世界。比如，你可以去学一门新技术或参加手工课。另外，以前没空读的那些经典长篇小说，现在抽空好好读一下也不错，也能拓展你的知识面。你可以设定一个固定的读书时间，去读一些能让你深受启发的书。

读书后，你会产生很大的成就感。我最近在读丸山健二的《千日琉璃》，这本书有 1000 多页，每一页都有一个新主题，比如"我是沙漠""我是洞穴""我是巨星""我是未来"。在读这本书的过程中，你可以尽情徜徉在自己的世界里。不知为何，我每次读它，都会有些新东西从心里冒出来。我喜欢这样的独处时光。

***

我优先推荐的是在画廊和美术馆体验艺术，尤其是当代艺术，你会有一种发现新大陆的感觉。艺术没有固定的理解方式，观众可以自由发挥自己的想象力，用自己喜欢的方式来解读那些作品。这样做不仅可以解放思想，还可以刺激大脑。

当很多人一起去观赏那些作品时，你往往会在意别人的看法。所以，我建议你一个人去，这样你便可以直面自己喜欢的作品，而不会被别人的想法干扰。在那些艺术作品里，肯定有你看不明白的地方。甚至有些东西，作者自己也不太明白。所以，你会思考自己喜欢哪部作品。尽量把时间用在自己喜欢的作品上。我们每个人的喜好不同，别人怎么想并不重要。如果你已经到了退休年龄，即将开始人生的第二阶段，你也可以以此为契机，寻找属于自己的妙趣。其实，这个做起来并不难。

我在60岁时，喜欢上了当代艺术家克里斯蒂安·波尔坦斯基的作品。听说新潟县十日町市举办的大地艺术节会展出他的作品，我便慕名而去。波尔坦斯基的作品被摆放在艺术节会场的正中位置。当时，展出的是他的作品《无人》之境。观众可以看到数以吨计的旧衣物堆得像一座小山，一台起重机重复地吊起衣物，接着又抛洒下来。在波尔坦斯基的作品里，我总能看到自己或他人死亡的影子。我不由想起大约 10 年前在奥斯威辛集中营看到的场景。波尔坦斯基是犹太人，在创作这个作品时，他的脑海中可能浮现过奥斯维辛集中营的画面。我不禁觉得这部作品在暗示：当今世界是收容所有人的奥斯威辛集中营，而不仅仅是犹太人的。

当代艺术可以用任何你喜欢的方式来表达，所以我认为体验它是迈向"恰到好处的孤独"的第一步。拥有自己的爱好，对独来独往的生活来说十分重要。

***

如果美术馆高昂的门票费让你望而却步的话，那就看些美术类图书、绘本或任何能引起你情感共鸣的东西。作为绘本爱好者，我强烈推荐绘本。

虽然社交媒体上有很多有用的信息，但对像我这样喜欢传统纸媒的人来说，图书、绘本的质感让人难以抗拒。当看到那些照片和设计跃然纸上时，你的感受是截然不同的。当发现一本很酷的外国杂志或美术类图书时，我会根据自己的感受去买一件风格类似的夹克。如果这是你最喜欢的风格，那么你就会成为它的拥趸。那时，你可以放空大脑，什么都不想，尽情地享受独处时间。

***

如果你喜欢电影，就去迷你影院。我出差时，一有空就去当地的影院看电影。虽说现在很多地方的影院经营困难，迎来了关闭潮，但当我无意间瞥见路边的某家影院时，还是会迫不及待地去购票观影。如果看到自己喜欢的电影，或者以前错过的电影，我都会高兴得手舞足蹈。

一个人去大型影院看电影的话，可能会有些不好意思。而迷你影院是很多喜欢独处的人常去的地方。看到这些与我一样独自观影的人，我就会不禁想象他们平时生活的样子。这的确很有趣。

***

从老电影中寻找孤独的魅力是一件很有趣的事。现在，人们也可以在网上观看一些经典电影。这真是一个好时代。比如，我看过充分展现女性孤独感的电影《钢琴课》，它在戛纳国际电影节上获得了金棕榈奖。

在这部电影里，女主角艾达在离婚后带着女儿从苏格兰远嫁新西兰。她想带着自己的嫁妆——钢琴前往新西兰，但是她的丈夫不允许她弹钢琴。在途中，她的钢琴被扔在了海滩上。一个土著毛利男人看上了艾达的钢琴，并愿意用自己的土地交换那架钢琴。

艾达太想弹钢琴了，于是开始接近那个毛利男人。在令人心痛的孤独中，不幸的事情接连发生。

艾达带着自己的钢琴和心爱的男人乘着小船远赴千里之外的新西兰孤岛。可惜钢琴太重了，差点把船压翻。两个人只好把钢琴扔掉，看着钢琴缓缓沉入大海……仿佛从寂静的海底传来悲凉的钢琴旋律。电影画面传递出了强大的、令人窒息的力量。

女主角不会说话，不能很好地与人沟通，但她想拼尽全力地活着。虽然她被深深的孤独感包裹着，但是她顽强地抗争，展现出了永不放弃的生活态度。

***

扔掉不用的东西，可以帮助你整理情绪。当你扔掉那些东西时，你能体会到面对自己时的感受。整理身边的东西能让你从杂乱的思绪中找到一片净土。有时候，你扔掉的不是东西，而是你的杂念和执念。这是一种可以让你放松身心的活动。

我想除了上面介绍的那些方法外，还有很多方法可以让你单独行动、享受独处。你可以尽情地尝试一下，总会一种适合你。

在独处和与人交往之间找到一种平衡

孤独能滋养你，但孤立会在你的脑海中滋生出一个怪物，那个怪物可能会把你逼向自我毁灭。人类天生不是孤立的动物。所以，我要说的是，既要学习孤独，也要快乐地与人交往。

这两个并不矛盾。然而，在我们的人生中，既有"自己一个人更好"的时候，也有"跟大家一起会更好"的时候。我之所以说"可以一个人生活"，是因为我们处在可以一个人生活的环境里。"自己一个人"与"跟大家一起"的生活模式缺一不可，这样你才能过上幸福的生活。你要做的就是掌握好"自己一个人"与"跟大家一起"之间的平衡。

《追忆似水年华》的作者马塞尔·普鲁斯特有一个很有趣的交友故事。19世纪末20世纪初，一场名为"美丽年代"的艺术文化运动在法国巴黎蓬勃兴起。熟悉"美丽年代"艺术家的御茶水女子大学名誉教授中村敏直说，孤独培养了这一运动的代表人物——小说家普鲁斯特和诗人保罗·瓦莱里的创造力。

据说《追忆似水年华》的大部分内容是普鲁斯特在他巴黎公寓的"软木塞房间"里写成的。普鲁斯特这样设计房间是为了隔绝外界的噪声，让自己沉浸在孤独的写作世界中。以前，日本有些大作家也喜欢在旅馆（日本传统旅馆）和酒店里写作，我想这也许是受到了那些法国作家的影响。

然而，中村敏直教授也说，"普鲁斯特也喜爱社交，所以他并没有一直待在房间里"。普鲁斯特是社交界明星，却又将自己置于孤独中进行创作。两者兼得，真让人羡慕。

普鲁斯特出身豪门，家产丰厚，虽然自幼患有哮喘病，但不妨碍他一生都致力于文学创作。他从小就步入社会，遇到过形形色色的人。以这些人为原型，他写下了《追忆似水年华》这部小说。

不过，跟普鲁斯特关系好的人就那么几个人。虽然他的朋友不多，但他们之间的交情很深。

人类无法忍受绝对的孤独，会寻求和他人的交流。如果能在独处的时间与和他人交流的时间之间取得平衡，就能发现自己的创造性源泉。能做到这一点，你必定会得到不一样的惊喜。

增强孤独忍耐力的三大利器

人生是一场与孤独的较量。我们在内心深处渴望孤独，但又很难拿捏好孤独的度。教会我这个道理的是我的老友——S 先生。S 先生在 50 岁时被诊断出患有早发型阿尔茨海默病。现在他 67 岁了，一个人生活，接受居家护理服务。他有时还会参加讲演活动。

最近他给我发来了一封电子邮件，标题是"我的喜悦"。在信里面，他把自己的喜悦逐条列出。我点头称赞："是的，没错，如果我是你，也会这样想。"下面与大家分享一下 S 先生写给我的电子邮件内容。

- **不受任何人束缚，自由自在地活着。**

- **身体健康，除了阿尔茨海默病和糖尿病外没有患上其他疾病。** 有的人在患上阿尔茨海默病和糖尿病后，往往会忧心忡忡，但 S 先生非常乐观。他认为把注意力转移到疾病以外的事情上，会使人更加认可自己。

- **我觉得饭菜很好吃。**

- **很幸运自己还活着。** S 先生告诉我们不要把小事（比如一顿美食、一次任性的旅行）视作理所当然，这一点很重要。我们应该对这些快乐心怀感激。

- **大家都在帮我**。他一个人生活，得到了许多人的帮助。他喜欢去美术馆，于是一个同样喜欢去美术馆的朋友便陪他同去。有人说他"不喜欢麻烦别人"，但他却积极地与人交往，在需要帮助的时候得到了大家的帮助。
- **有很多笔友。**
- **自己有无限潜力。**
- **前途一片光明。**

他有时会让洗澡水流得到处都是，有时会找不到回家的路。然而，他每天都在挑战自己，看看能和阿尔茨海默病战斗到什么时候。

另外，我还收到了他的一封电子邮件，里面有一张图片，写着"我已经走了20万步"，后面他又说"我走了20万步，比我5月时制定的15万步的目标多了5万步，我尽力了"。

如果你内心脆弱，我想你可以效仿S先生，以乐观的人生态度，写下属于自己的喜悦。就算你遇到再大的困难，只要能发现这种喜悦，你也能心生力量克服种种困难。

即使你患有阿尔茨海默病、糖尿病等慢性疾病，也有"没有患上其他疾病"的喜悦。人生由此不再灰暗，而变得明快轻松。此外，你还可以想想有没有做过好事。列出三件你帮到别人或今后可以帮到别人的事情，你会发现自己存在的意义。

这三件好事如同孤独求生三大利器。你会感觉自己很强大。在别人还在犹豫不决的时候，你可以果断说出"我是我，他是他，我不会理会那些"。这说明你对孤独有着更强的忍耐力。前面提到的"不攀比"的力量，也是要提升自己的个体力量。

下面跟大家分享一下 S 先生给我发来的他的"三件好事"，供大家参考。我想它应该有助于大家增强孤独忍耐力，提升个体力量。

- 不眉毛胡子一把抓，做自己真正想做的事情。

- 没有时间可以浪费，剩余时间不多了。

- 不对别人抱有幻想，因为别人是别人，你是你，他们不为你而活。

大家有没有觉得 S 先生的晚年独居生活也很精彩？据说早发型阿尔茨海默病的病情发展得很快，但 S 先生从确诊至今已过了 12 年。在他需要帮助的时候，总会有人向他伸出援助之手。我觉得对他来说，保持相对独立的生活，是十分重要的事情。

珍惜独处时间或许是一场认识自己的试炼。当今社会，各种思想纷乱复杂，我们很容易迷失自我。而坚持独立生活，能让我们更好地认清自我。

***

患有早发型阿尔茨海默病的 S 先生也有脆弱的时候，他曾给我发过一封电子邮件，里面写道"请给我一些鼓励吧"。我是这样回复的：

S君，你做得很好，真的很努力。我想你肯定有心情不好不想走路，或者太累不想走路的时候。我觉得身体状态好的时候出去散散步就可以。你的乐观传递给了我们每一个人。这就是你的闪光点。请不要焦虑，慢慢来就好。

然后，我有个问题想请教你。你性格很好，周围的人都肯帮你。你跟他们在一起的时候，会感到孤独吗？

对于这个问题，他的回答是"有时我真的很孤独"。对于"一个人住，你觉得自由吗"这个问题，他的回答是"我觉得自己很自由。虽然我自己一个人生活，有时候会感到孤独。但是，不用被人喊着做这做那，总的来说我还是过得很愉快的"。

在回答完我的问题后，他或许发现了真实的自己。自那以后，他就经常给我打电话。我想，他应该是在感到孤独的时候会给我打电话。

S先生的那句"有时我真的很孤独",语气很沉重。我认为他并非因为患有阿尔茨海默病而感到孤独,而是因为感受到了人类最本质的悲伤。尽管如此,他也知道每个人终究都会孤身一人,于是不断地努力前行。我觉得他有这个实力做到。

他能很好地忍受孤独。更重要的是,周围环境没有孤立他。比如,有人肯陪他去美术馆,有人会给他打电话一起聊聊天。我认为这才是重点。

我相信每个人最终都会孤独地面对自己。这个世界上没有纯粹的孤独。那些说喜欢孤独的人,大都仍然生活在某种联系之中。谁都不能完全脱离社会而独善其身。

因此,不要听到"孤独是好事"这种话,就开始人云亦云。那些主张这种观点的名人,肯定在某些地方也与他人有着千丝万缕的联系。比如，他们有的写书出书，有的经常应邀参加电视节目，等等。

孤独肯定有好处。因此，要善于找到恰到好处的孤独，利用孤独来发挥自己的优势。不过，需要注意的是，恰到好处的程度会因人而异。

第 5 章 ◎ 活到一定岁数，才悟出的人生最高境界

　　身为诹访中央医院的名誉院长，虽然我平时也负责定期诊疗工作，但主要作为名誉院长从事管理方面的工作。我并不满足这一点，还想再进一步。比如，一个人去北海道的无医村或冲绳的某个小岛上给大家看病，为社会贡献自己的一份力量。我还想一个人生活。

　　医学界的发展日新月异。在无医村，我将成为诊所里唯一的医生。为了能诊治各种疾病，我不得不重新学习早已生疏的医学知识。所以，我决定拜我的朋友 Y 先生为师，请他来我家给我上课。他在关西的医科大学当过教授，目前担任福岛县立医科大学津若松医疗中心综合医学科的教授，负责培养年轻医生和实习生。当他在诹访中央医院担任指导医生时，我请他来我家给我讲最新的医疗知识。于是，每月他都会定期来给我上课。到了我这个岁数，要把老师讲的新内容全都记住，的确是一项艰巨的任务。年轻时，我能够像海绵吸水一样吸收知识，但现在却像一个漏水的水桶，无论装多少，都总有水漏出来。我不禁感慨"老了，不服老不行了"。

另外，我还获准陪同 Z 医生一起提供居家护理治疗服务，跟他学习居家诊疗时的开药方法。虽然我在谘访中央医院也出诊，做些舒缓治疗方面的工作，但我仍想系统地学习一下止痛药的开药方法。舒缓治疗病房的 K 主任给了我很大的帮助。我努力地准备着，打算独自面对各种患者。

为了表示感谢，我经常请我的指导老师吃饭。我们一边品尝美食，一边自由地讨论"医学与经济学""医学与哲学"方面的话题。在那段时间内，我梳理了自己的专业知识，觉得自己进步很快。同时，能与好朋友共享美食，我的内心感到温暖而宁静。

遗憾的是，在无医村建诊所的梦想最终并没有实现。这是因为帮我对接村落医院和福利设施建设的负责人辞去了工作，成立了社区综合护理研究所。当时他管理着一家名为町田丘上的小医院，里面只有 70 个床位。他邀请我担任这家小医院的名誉院长和社区综合护理研究所所长。

在年轻老师的指导下，我们构建起了前所未有的新型社交网络。只要你想自己做点什么事，就肯定会有好事发生。只要不放弃，就一切皆有可能。

尽管岁月催人老，但要始终保持独立的能力

岁月催人老，我们要做的是坦然接受，好好想想如何快乐地度过晚年。不要对现实视而不见；否则，渐渐地，你的身体、思想和生活方式都会出现问题。如果想要一个人也能好好地活着，那就要培养自己独立生活的意识。

我退休之前在舒缓治疗病房，为末期癌症患者提供

医疗服务。退休后，舒缓治疗病房的主任希望我接受返聘继续工作。我的工作是鼓励患者。我可以毫不避讳地跟患者谈论死亡，这是患者家属和其他医护人员不敢触及的话题。在取得患者的信任后，我会直接问他们："你害怕死亡吗？"

对于这个问题，大多数患者并没有选择逃避。他们会表达自己内心真实的想法。有的患者会说："你能倾听我的感受，我心里舒服多了，真的太感谢了。"也有的会说："嗯，那些我都明白。我早就做好心理准备了，已经料理好后事了。如果能回趟家，那么我想大家会好受些。"对于这样的患者，我会回答道："那就让理疗师每天都来帮大家恢复体力，这样大家就有力气回家了。"患者们都会开心地笑起来。每次我都会跟他们说"我还会再来的"，然后才离开病房。我觉得我的作用就是给患者注入活下去的力量。分别时，我会紧紧地握住他们的手说"我已经给你注入能量了，没事的"，他们总会与我相视一笑。

***

我一直很喜欢看书，高中时就开始戴眼镜了。我近视、散光，上了年纪后，又患上了老花眼。现在，很多运动已经不再适合我了，不过我仍可以享受开车和滑雪。对我来说，它们是使我怡然自得的重要活动。

今年冬天，我订了一副新款沃克滑雪板。它使用钛合金制造，有快速滑雪板的美誉。开车时，公路会限速，但滑雪时没人限制你的速度，所以我想继续做一个速度爱好者。

随着年龄的增长，你的身体的各个部位会像要散架的零件，诚实地告诉你哪些事情可以做，哪些事情不能做。人应该尽量做自己喜欢的事情，过不依赖他人的生活。男人不要依赖妻子或女儿，女人也不应该依赖或依靠不靠谱的丈夫。你应该以自立为标准要求自己，直到实现你的人生目标。

为了不让自己的身体变弱，你需要给自己"储存肌肉"，时常暗示自己"非常年轻，才 20 岁左右"。把自己打扮得很年轻，或者潜意识里提醒自己还很年轻，这种年轻的心态会让你保持健康、自信和自立。不管你多少岁，都一定要保持独立，做自己喜欢的事情。

***

有些人现在就过着一个人的生活。即便现在你是夫妻两个共同生活，也总有一天变成孤身一人。你的伴侣可能会比自己更早地离开这个世界。因此，你需要掌握相关的技能。

要提前做好心理准备。当"夫妻关系退休"时，你要学会独立生存的本领。

夫妻关系退休是指到了社会规定的退休年龄后，在家中可不依赖妻子独立生存，而妻子也可从繁忙的家务劳动中解放出来。夫妻两人分担家务，比如做饭、洗衣服、打扫卫生等，谁也不嫌弃对方，谁也不过度依赖对方。

我这样说，或许大家会问："镰田先生也是这样的吗？"我是在 56 岁那年从医院提前退休的。退休后，我全身心地投入到了自幼喜爱的文学创作中。我的工作任务是：月刊连载 12 部，单行本每年 6 本。同时，我还为六家出版社写书。我一个人生活，既不服老，也不惧怕生病。

在新冠疫情暴发前，我每年开办 100 场讲座。我一个人在全国各地旅行，没有秘书，没有经纪人。我真的很喜欢一个人生活。新冠疫情期间，讲座没有了，杂志采访、电台和电视台嘉宾工作也大多采用远程连线的方式进行。当我不想写作时，我掌握了 5 分钟内可以做好懒人饭菜的技巧，集英社曾为我出版《镰田式懒人健康菜谱》。作为"懒人厨师"，我对一个人生活充满了信心。

事实上，我的儿子在书店看到这本书后，觉得自己做饭也没问题，于是和他上初中一年级的女儿（我的孙女）一起做了饭。不久后，儿媳打电话给我，说"多亏了这本书，现在家里的气氛融洽多了"。因为我的菜谱既简单又好吃。我那正在上初中三年级、没有参与做饭的大孙子主动提出自己洗碗，这真是一件值得欣慰的事。

一位女性朋友告诉我，当她丈夫在家时，她最犯愁的就是午饭。为了准备午饭，她不能去上兴趣班或参加社区活动。所以，我想每天至少有一顿饭，比如说午饭，可以让男人帮着去做。

我的许多朋友已经决定自己做早饭和午饭，并喜欢上了做饭。当听到别人夸赞"真了不起"时，有的人会说"其实也没什么，就是想吃什么就做什么"，也有人会得意地说"在外面吃过很多好吃的，不过家常菜的味道其实也不错"。

***

不论是家人还是朋友，都有可能离你而去。能缓解这种心痛的，也许会是你的点头之交。

我的母亲患有心脏病，身体很弱，在一次中风后突然离世了。那时，我的父亲岩次郎已经快 70 岁了。在我从东京远赴长野县工作后，父亲只能一个人生活。

支撑父亲的独居生活的是猫。他养了三只猫。我父亲非常喜欢麻将，他以前帮助过的那些年轻人经常过来陪他打麻将。

他最要好的朋友住在青森县，那是他的发小。这位朋友来到东京后，在父亲家住了几天。对父亲来说，那是一段非常快乐的时光。

我最要好的朋友是一个初中同学。他住在我父亲家附近的一个小镇上。当得知我父亲一个人生活后，他时常同我父亲电话聊天，有时还邀请我父亲一起外出吃饭。

有一天，我遇到了父亲的点头之交。记得我当时要去东京参加某场会议，所以就住到了父亲家。父亲邀请我晚上去吃烤肉。那是一家小店，只有一个柜台，对着观音大道。一进去，不仅是店主，连顾客都跟我父亲热情地打招呼："镰田先生，好久不见啊！"我一直认为父亲不苟言笑，是一个非常孤独的人。但是，出乎意料的是，他结交了这些点头之交。我认为他这一点很了不起。

在完成诹访中央医院的基础改革后，我原打算去非洲从事社区医疗方面的援助工作，但我发现那样的话，父亲在国内就没有亲人了。于是，我决定和他一起生活，建造了一个名为岩次郎小屋的原木小屋。

父亲在 78 岁时，从东京搬来和我一起生活。母亲去世后，我把她的坟墓安在了东京与茅野之间的八王子市。父亲和我都做好了独居生活的心理准备。可是，血浓于水。父亲老了，我应该回报他的养育之恩，为他养老。

父亲和我都能忍耐孤独，喜欢孤独。尽管我和父亲都喜欢独处，但我们父子俩住在一起时相处得很好。即便是跟父亲没有血缘关系的人，也能边看边学父亲的生活方式：一个人，不怕寂寞，但有些点头之交……

父亲 78 岁来茅野的时候，我担心他适应不了这里的环境，会产生负面情绪。没想到，他加入了当地的门球队，很快就成了门球队的领队，甚至还打赢过对外比赛。父亲岩次郎在独立生活的同时，俨然成了结交点头之交方面的大师。

你与好朋友在一起时，可以倾诉内心的烦恼，做严肃的忏悔，或相互争论以满足自己的求知欲。但如果我们一直这样做，那也许就会彼此厌倦。因此，结交点头之交时需要注意的一点是，保持一定的距离，不要形成交往压力。自己也好，对方也罢，都不会因这种关系而感到苦恼。

入冬后，大概有 60 天的时间可以滑雪。有次，我一大早去滑雪场时，在缆车始发站遇到了 20 多个看似已经退休的人。我们在缆车上轻松地聊了一些滑雪方面的事情。离开缆车后，大家就各自享受滑雪运动了。此后，我们经常遇到。我们不会谈论彼此的失误。滑雪是一种自娱自乐的活动，每个人都认为自己是滑得最好的。

有次，我发现平时经常遇到的那个穿红色滑雪服的男人没来时，就很担心。他是生病了吗？不过过了一会儿，我在停车场遇到了他。我很高兴，向他问好，说"真有点儿担心你呢"，他说"突然因为工作的事情走不开……"这种交流温暖了彼此，让人感到十分暖心。

这种良好的人际关系，只能靠自己去创造。不管你多么想结交一个点头之交，如果你不邀请对方做朋友，这段关系都不会发展。对方是否愿意跟你做朋友，取决于你的个人魅力和沟通能力。

***

生存本能是改变世界的力量。弗洛伊德称之为"爱欲"。弗洛伊德经常与爱因斯坦通信。在第一次世界大战临近时，他曾在信中就如何避免战争写道："生存本能是爱欲。"

然而，心理学家荣格并没有像弗洛伊德那样将生存本能限制为爱欲，而是用它指代更广泛的含义——精神能量。

正如荣格所说，独居使精神能量得到了极大的提升。这些精神能量里可能蕴含着邪念、杂念和烦恼，我告诉自己，这些精神能量就是熬过晚年孤苦时光的力量源泉。

与肥胖相比，年老后的孤独会使痴呆症的发病率增加一倍，死亡风险增加一倍。为了避免这种风险，在你独居、好好享受自己的独居生活时，要充分利用自体性冲动。它才是你活下去的力量源泉。

即便大家过度担心你被孤立，或者即便一个人住，只要不在意别人的目光，孤独且幸福地活着，你就能发现什么才是真正的幸福。万事万物，包括你的地位、得失，都是小事。不被物质和境遇左右的孤独，是靠切身体会的幸福感来支撑的。因此，你完全不必在意别人的目光。

我认为绚丽夺目是自立生活的基础。一直以来，我本着绚丽夺目的精神，不断成长，并发展至今。那些晚年孤独的人期望在人生的最后阶段出彩地活着，而不是悄无声息地死去。于是，我创造了"绚丽夺目"这个词。

要想绚丽夺目，在身体上和精神上都要保持自立。这就是我写这本书的初衷所在。

孤独不可怕，可怕的是自己放弃人生掌控权

当别人向我求字时，我经常会写下"自在生活"这

几个字。自在生活是无为、纯真的意思。无为，不是说什么都不做，而是顺应自然的意思；纯真则是保持内心清净、不去乱想的意思。我向往那样的生活。

在我工作的医院里，曾遇到一位患有顽固性肌肉萎缩症（一种原因不明的肌肉萎缩症）的患者。他本是一个前途无量的陶艺家，但这种萎缩症使他的手不能举过肩，连饭都没法好好吃。吃饭团时，他要用膝盖撑起手肘才能将饭团送至嘴边。创作时，他也需要别人帮忙。

得病后，他的作品多了很多凄凉感。这也许是因为他不再执着，不再在意作品的好用与美观，满脑子想的是如何完成这件作品吧。他的风格变得自由不羁。由于身体残疾，他不得不放弃这样或那样的想法。他把有限的精力和构思都凝聚在了删繁就简的作品上，最终成就了更精彩的作品。他肯吃苦，永不放弃，这也是独来独往的生活必须具备的品质。

人们往往过度关注自己的疾病和缺点。然而，缺点并不是那么容易改正的。如果你只关心自己的缺点，那就会迷失自己。与其担心自己的缺点，不如想想如何充分利用自己有限的优点。

千万不要忽视自己的优点。当你身有残疾时，也请不要为此哀叹，而是应该好好想想如何发挥自己的优势。"顺其自然"，你将能解放自己的思想，从恐惧中解脱。转换心态，也是孤独的一种妙趣。

哈佛大学对 13 000 名 50 岁以上的人进行了为期 4 年的跟踪调查，发现那些每年义工活动时长为 100 小时以上的人与那些根本不参与义工活动的人相比，死亡风险低 44% 左右。也就是说，每周参加 2 个小时的义工活动就能大大降低死亡风险。

卡耐基梅隆大学的一项研究还发现，参加义工活动的老年人患高血压的风险比不参加的人低 40%。

参加义工活动能使人与他人建立温和的人际关系，

使人产生满足感、幸福感，萌生克服困难的力量。

喜欢孤独，而又不被孤独吞噬，要想做到这一点，就要建立一些松散的人际关系。这样，你就能在保持个体独立的同时，与周边建立一定的联系。

我们需要与他人保持一定的距离。但是，也正因为如此，我们每个独立的人都更应该为他人做些什么，多关心和关怀他人，让这个社会才不会被冷漠淹没。

例如，当你向需要他人伸出援手时，你会感受到人与人之间的关爱。沟通从这里开始，松散的人际关系可能会由此产生。比如，你帮别人搬运沉重的行李，亲切地帮别人指路。"不以善小而不为"，这样做就足够了。

不过，这也是一个程度问题。也有人说，如果社区成员之间的关系太紧密，那么往往会干扰到个人的家庭生活，给人们带来不必要的麻烦。你要坚定自己的立场，自己的人生自己做主。我认为，一个人一定要坚持适合自己的生活方式，不要随波逐流，不要被他人的观点所左右。

正如我多次说过的那样，人生是一个人的战斗。要想度过精彩的人生，你必须学会自立。但是不要被孤立，你要时常找到恰到好处的孤独。

***

47年来，我一直积极参加社区健康普及活动。在我长期工作的长野县，人们喜欢重口味的饮食，加之冬季新鲜蔬菜匮乏，中风患者特别多，医疗负担特别严重。而在减盐运动的努力之下，人们的健康意识显著提高，平均寿命目前在日本名列前茅，医疗费用支出也大幅降低。

当我分析数据时，我发现了一些令人惊讶的现象。与多吃蔬菜和减少盐分摄入相比，提高寿命更有效的方式是帮助大家发现自己的人生价值。支撑他们人生价值的是小型农业。80 多岁的老年人会在自家菜地里种庄稼，然后批发给农业协会。

请注意，孤独是有风险的。据说孤独导致早逝的风险是肥胖的两倍。一项研究发现，孤独会增加患上阿尔茨海默病的概率。

想办法独处、按照自己的意愿独立生活的重要性不言而喻。但是，作为一名多年从事健康普及活动的医生，我也想提醒大家孤独也是有风险的。"与社会联系"对健康和寿命的影响最大。换句话说，我们既要有强烈的个人意识，独自活动，享受独处时间，也要与社会保持一定的联系。

比如，当你独自去健身房健身时，也要与健身教练好好相处，一边愉快地交谈，一边跟他学习肌肉训练技巧。同样，当你去餐馆吃饭时，也要与工作人员聊聊天，在愉快用餐的同时，建立起一种松散的朋友关系。

你无须出家或躲进深山去修行，不要太过在意自己的独处时间。因为，如果你太过在意，就会产生莫大的精神压力，将自己束缚住，也许什么都做不了。能做到恰到好处的孤独即可。

特别是在 60 岁后，不要在孤独的洪流中孤勇前进，而要营造出一种恰当的孤独感，在保持孤独的同时，试着与周围的人建立起一种松散的朋友关系。

***

东京医科齿科大学的一项研究发现，独居且一个人吃饭的男性的死亡率是男性平均死亡率的 1.2 倍左右。此外，据说与家人一同住，但一个人吃饭的男性的死亡率更高，是男性平均死亡率的 1.5 倍左右。

即便是同样的孤独，独居时孤独死的风险也较低。而当你和某人在一起却感到孤独时，死亡风险较高。

事实上，研究表明，当孤独感强烈时，身体会因压力而产生慢性炎症，容易导致心脑血管疾病。此外，还有研究表明，当孤独感强烈时，人的睡眠模式就会受到干扰，免疫功能会减弱，更容易被感染，从而导致肺炎等呼吸道疾病。其他研究将孤独与糖尿病、癌症、痴呆症、抑郁症甚至自杀风险联系在一起。

换句话说，创造孤独的时光固然重要，但永远不要孤立自己。孤立自己，会增加抑郁、痴呆和酒精中毒的风险。

***

我们知道，人际关系薄弱的人更容易感到孤独。已故的芝加哥大学教授、社会神经学家约翰·卡乔波在2009 年发现，孤独会传染。

朋友不多、时常感到孤独的人往往不信任别人，有时会把仅有的几个朋友都丢掉。那么，他的朋友也会感到孤独，很可能会出现同样的行为。

人类深受周围人态度和行为的影响。如果你周围的人处于孤独的状态，那么你的情绪也会变得沉闷，你也会产生同样的孤独感。

此外，由于老龄化社会的发展，日本的独居老年人不断增多，孤独问题可能会进一步发展。亚太经合组织的调查发现，日本已成为社会孤立问题特别严重的国家。

还有研究表明，依赖网络社交媒体的人更容易感到孤独。2017年，美国匹兹堡大学的研究人员发现，每天使用网络社交媒体两个小时以上的人感到社交孤立感的概率是每天使用网络社交媒体30分钟的人的至少两倍。

当然，当你沉迷于虚拟空间中的互动交流时，你可能会忽视现实世界中的人际关系。网络社交是现实社交的补充，不可喧宾夺主。

不应忽视的是，无论是否有家人陪伴，大家都有孤独和被孤立的风险。有些人结了婚，有了孩子，却没了朋友，感到很孤独。也有很多人，虽然单身，但维持着多样化的人际关系，打造了属于自己的社交小圈子。还有很多人，即便在结婚后也维持着很好的人际关系。但是，不管是谁，都有可能因为生死离别而变得孑然一身。

换句话说，要预防孤立，就需要有构建适合自己的人际关系的能力。谁都可以成为"孤独达人"。在本书中，我们在谈论孤独的危险和魅力的同时，也试图寻找两者的平衡，让自己成为孤独的主人。

健康的饮食习惯和适度的运动是孤独最大的资本

在我工作的医院的内科门诊，很多中老年患者的血压不断升高，我认为这与新冠疫情不断反复导致的精神压力有直接关系。

糖尿病患者也很令人头疼。他们除了缺乏运动外，为了缓解压力会暴饮暴食，导致体重难以控制。

抑郁症也在蔓延。根据日本国家儿童健康与发展中心的数据，在日本，30%的高中生、24%的初中生和15%的四至六年级小学生患有抑郁症。而且，据说29%的日本父母患有中度以上的抑郁症。

现在，几乎各个年龄段的人都能感受到压抑和抑郁感。在这样的时代，你可以做一些事情来让自己变得更强大。

***

清晨醒来，沐浴在阳光中，身体就会分泌血清。这是一种被人们称作幸福荷尔蒙的物质，对于调节睡眠节律非常重要。人待在家里很容易熬夜，作息日夜颠倒。那些早上起床后没什么干劲的儿童和青少年，非常需要调整睡眠节律。大家在独居时，一定要有守护自身健康的意识。

即便想珍惜自己的独处时间，也不要把自己锁在房间里。你应该在早上晒一下太阳，这是保持健康的独处的关键。把自己锁在房间里体验孤独，绝不是健康的生活方式。

"幸福荷尔蒙"血清素，准确地说是一种大脑物质。我们的大脑中大约有 150 亿个神经细胞，而血清素可以在神经细胞之间传递信息，类似的物质还有多巴胺。当一个人为实现目标而努力时，会分泌一种叫作多巴胺的物质。它会在大脑中放置一个"开关"并切换到"战斗模式"。

多巴胺是一种让人感觉良好的荷尔蒙。当你想尝试新事物、考取执照、自愿帮助他人或通过肌肉训练挑战自己时，你的身体就会分泌多巴胺；当你拿着地图并独自上山寻找自己的独处时光，或者去健身房训练肌肉、控制体重时，你的身体就会分泌多巴胺。多巴胺被称作快乐荷尔蒙，会让你自我感觉良好。它是人类活动必不可少的物质，能帮你产生实现目标的动力。

血清素可以防止多巴胺失控。当你感到紧张或有压力时，大脑会释放血清素。血清素是一种镇静神经、抑制兴奋、让身心放松的物质。

如果你想成为一名孤独达人，但选错了孤独的方向，就有可能变成一个宅男或宅女。乍一看，你似乎创造了一个孤独空间，但实际上这种孤独的状态并不会持续太久。如果你想保持长期的孤独状态，早上就沐浴着阳光多散散步吧。沐浴阳光是增加血清素分泌的有效方法。尤其是在天气好的时候，早早地起床，去散散步对身体很有好处。有空的时候，你可以多泡泡温泉，做做操，想方设法增加血清素，这样有助于治愈你的心灵。

***

你可以多做一些步行、深蹲等轻度运动，尤其是有节奏的运动，这些运动可以刺激人体分泌血清素。

轻度运动可以一个人完成。独处时，做轻度运动有助于预防各种老年疾病。千万不要宅在家里，患上身体废用综合征。无论是在街上还是在电车上，应该抓紧机会多活动活动自己的身体，就像在健身房训练一样。

***

当人姿态懒散时，沮丧的情绪就会蔓延。即使是年轻人，也不能摆出一副无精打采、萎靡不振的样子。你要有意识地挺直脊梁。良好的姿态会让你显得年轻、精神焕发，血清素也更容易释放。不论是对社会活动还是独居生活来说，保持愉悦的心情都意义重大。

***

大多数地方四季分明，气候宜人。你要注意感受到四季的变化，并享受其中的乐趣。春夏秋冬，每个季节

有每个季节的美妙之处，细细体味，也是对生命的一种
滋养和敬畏。

***

为了提升孤独感，人们在独处时应该如何面对自己
呢？最有效的方法就是坐禅和冥想。有些人擅长坐禅，
通过坐禅来观察内心（即内省）。坐禅的目的是专注于
当下，释放心灵。这会促进血清素分泌并起到镇静作
用。但是坐禅不适合我。我是一个杂念比较多的人，想
的都是一些琐碎的事情，不太擅长坐禅和冥想。

为此，我发明了一种简单的禅修法，叫作"一汤一
菜禅修法"。它将注意力集中在进食上，是一种剔除非
必要噪声的简单方法。

一汤一菜禅修法的做法非常简单。你可以比平时稍
早一些进食，看着日落，关掉电视，只吃米饭和味噌
汤。米饭吃进嘴里后，数着咀嚼次数，像我这种粗放的

人，这时也能把注意力集中到当下这一瞬间。

放空你的大脑，不要去考虑复杂的事情。这一点做起来并不难。因为我们越长大，发呆的时间就越多。当你发现自己善于发呆时，就可以表扬一下自己，因为你已经为晚年的独居生活做好了准备。我不会把当下复杂化，而是会尽情地体会孤独。

如果你选择坐禅，那么不要忘记适当地伸展下身体，放松紧绷的关节和肌肉。

向死而生，让自己的晚年生活更精彩

我觉得人到晚年，能够很好地独处十分重要。据说人有生存本能和死亡本能。弗洛伊德用"塔纳托斯"这个词来表示死亡本能。它来自希腊神话中的死神塔纳托斯，表示一种走向死亡的愿望。

我是一个杂念很多的人，生存本能和死亡本能就像世俗的欲望一样在我的大脑里乱窜。虽然我有一种死亡本能，但我从来没有想过自杀。我坚强地活着，但我认为死亡随时随地都会降临。

我想我内心有那种求死的冲动，是因为我度过了一段孤独的时光。人们认为，在 138 亿年前，地球上还没有出现生命时，宇宙发生了大爆炸，恒星碎片变成了创造生命的原子飞奔而来。地球上作为生命源泉的氮气一定来自外太空，氧气和氢气也是如此。

它们聚集在一起，奇迹般地形成了生命的基础——氨基酸。38 亿年前，生命在地球上诞生。我死后，构成我的原子会分离，其中一些原子会被其他人用来创造新的生命。

我们在看到一颗星星时会感动，我们身体的一部分极有可能来自那颗星星。我们从无生物中诞生后，又渴望回归到无生物。

"从无生物到无生物"，这听起来非常浪漫。我们在无生物与无生物之间，成为极为短暂的有生物。这就是所谓的生命。

独处可以让你活出自我，不再害怕死亡。我一直都十分珍惜没人打扰的孤独时光。

***

晚年独居时，人不再追求地位或物质方面的成功。即使到了晚年，人也能幸福地活着，去想去的地方，做想做的事，怀着为下一代着想的心情活着。

"传承"是心理学家埃里克森创造的一个术语，意思是为下一代而活。在意识到传承的意义后，你会看到自己生命的意义。

我在舒缓治疗病房巡诊时，经常与患者一起回忆他的人生。在听他们讲述自己的人生故事时，我有时只是插几句话，说"听起来很有意思啊""你当时真不容易"，过一会儿后，他们会说"医生，是的，那件事的确很有意思，我感觉很好、很满足"或者"当时我真的很辛苦，不过我不后悔"。陪护的家人在听到这些故事时，也会感慨人生如戏，或悲或喜。

对着儿子或儿媳感谢道"谢谢你们把我照顾得这么好"，然后像哲学家一样，把自己的话留给下一代，这就是传承。当然，传承不仅对我们自己的血脉至亲来说很重要，对当地的孩子乃至全世界的孩子来说也很重要。

当你开始充实地过着独居生活时，会在不知不觉中发现自己原来是自立的。你的视野开阔，比以前更善良，不再惧怕未知的世界。

虽然恰到好处的孤独因人而异，但总有一种适合你。"从今往后才是真正的人生"，一定有一种生活方式可以让孤独成为你的好朋友，你会在不知不觉中变得内心强大，洞彻人生。

这股强大的力量虽然不会表现出来，但确实能强化你的内心。偶尔，我会在刹那间看到生命的真谛，或者感觉到自己还活着。这是一个没有其他人知道的重要时刻。你不必担心其他人的想法。把你宝贵的孤独时光留给自己，让自己的晚年生活更精彩吧。

第 6 章 ◎

人生就是一场与孤独的较量

　　我担任安心之丘养老院的院长已有10年之久。该机构的工作人员都很有趣，他们多才多艺，逗得老人们非常开心。安心之丘是一家非常温暖、充满人情味的养老院。

　　随着圣诞节临近，圣诞晚会的准备工作开始了。老人们喜欢制作圣诞风格的装饰品来装饰养老院，此外，他们还亲自制作自己戴的圣诞帽等。这也是他们的劳动治疗之一。我巡诊时，会与他们交谈并听取他们的意见。

　　"大家不一定非要围在一起做，每个人都有自己喜欢的方式，不必勉强自己参与这项劳动治疗。"所有人都玩得很开心，都说"十分期待圣诞晚会"。

　　不过，当时我发现B先生躲在柱子后面看书，没有

参与这些准备工作，心想"这也不错嘛"，于是走近 B
先生与他聊了一会儿。

"从大家开始劳动治疗时，我就注意到你了。看你
一个人在那里静静地看书，我很开心。"我暗自为他叫
好……"不，是我不好。我不太合群，喜欢一个人看
书。"听他这样说，我很欣慰。毕竟他已经 85 岁了，他
的状态让我相信自己也能在任何年龄开启独居生活。

即便你在集体生活中，也需要创造自己喜欢的独处
时光。一个人看书、听音乐就很不错。在与养老院员工
聊天时，我说道："虽然现在这里像 B 先生这样的人并
不多，但总有一天会有越来越多这样的人住进来。我希
望大家多关怀一下他们。当他们接受护理服务时，一部
分人会固守自己独特的生活方式。对此，大家平时也多
加注意……"

B 先生是一个在集体生活中享受积极的孤独的人。
我相信，能活在这种令人向往的孤独中的人，即使死亡

将近，也能坦然面对。

我们孤独地出生，也终将孤独地离开

孤独死是一个热门话题。大众媒体过度放大了"孤独"这一点，让其呈现出负面形象。

但是，人总是会死的。你出生时是孤独的，并且无论你与家人有多亲近，你都会孤独地死去。我认为像 B 先生这样说"我不太合群"的人已经准备好独自面对死亡了。一个人最终会孤独地死去，或者在家人和朋友的陪伴下死去。就算你被其他人围着，最后也只会一个人死去。从出生到死亡，这是亘古不变的自然规律。

关键是你在活着的时候，有没有做过自己喜欢做的事。我们关心的不是自己的死亡方式，而是怎样才能为自己的一生画上圆满的句号。如果你每天都充实地活着，当你离开这个世界时，大概就不会有什么遗憾了。

因为工作关系，我常年在世界各地演讲。每年，我在日本的演讲次数就高达 100 多次。在新冠疫情期间，我几乎每天都待在家里，因此也有了更多时间陪伴家人。

以前，当工作结束后，我会和所有工作人员一起吃饭。我喜欢请大家吃饭。向年轻医生分享我的经验，这是我分内的事情。不过，在疫情期间我失去了这样的机会。

本来日子平静如水。只是突然间，我开始思考："我会如何死去？"当我独自思考死亡这一现实问题时，我发现自己内心平静，可以坦然地接受死亡。

如果你能接受自己将要死去这个事实，恐惧感就会消失。死法并不重要。即便是孤独死，当你离开这个世界时，也不会感到难过。毕竟，任何死亡都是心脏停止跳动，无法再继续呼吸空气。

***

我有一位朋友 K 先生，几年前他的妻子因病去世了。他们两个人没有孩子。他妻子是一位画家，在治疗期间，一直精力充沛地进行创作。K 先生却有一个很大的遗憾，那就是他工作太忙，"没能好好陪她走完人生最后一段旅程"。

"我知道对抗病魔并不轻松。我妻子'视画如命'，直到人生的最后一刻都执着于创作。手术后，她不能再用右手，只能用左手画画。我发自内心地钦佩她。当然，我知道她在强打精神画画。可是我工作太忙了，得经常往外跑。我不敢看她遭受病魔折磨的样子，并试图说服自己'能画画，说明身体还可以'，对她的痛苦选择性地视而不见。"

他妻子是个坚强的人，并不常说"难受""痛苦"之类的话。但我认为在她内心里，不可能没有"想要丈夫陪着"的想法。他经常出差和加班，他的妻子一定从他那里感受到了强烈的孤独感。"就算不说出来，你也应该知道……"，这种想法是长时间相处的夫妻容易陷入的沟通陷阱。

在 K 先生妻子的生命到了最后一刻的时候，她肺部积液，连续吸氧几天后，坚强的她开始叫苦不迭。医生告诉 K 先生"她可能只有几天时间了"，K 先生下定决心好好陪陪妻子。可他工作太忙，如果不准备好公司用的资料的话，他也没法待在医院陪护妻子。

他告诉妻子"我出去一趟，很快就会回来"，妻子对他说"注意安全"。没想到，这句话竟成为永别。K 先生刚回到家，就接到了医院的电话……他连忙打车赶往医院病房，但妻子已经离去。

K 先生说道："别人告诉我，我妻子刚刚去世。我只晚了两分钟，没能见上她最后一面。我对此抱憾终生。"

在患者长期被病魔折磨后，他们的家人会对死亡充满恐惧。一方面，他们希望患者奇迹般地好起来；另一方面，他们又不自觉地想逃避现实。患者能敏感地感受到这种情绪变化。

"最后，我只能眼睁睁地看着她离去。即便在那一刻我与妻子在一起，除了紧紧握住她的手外，我什么也做不了。我内心的冷淡已刻入骨髓。或许正是这种冷淡导致了'最后两分钟'的遗憾。我不甘心……"

作为外人，我是这样想的：K先生的妻子在生命的最后一刻可能不想有人在身边。或许在生命的最后，她想安静地回忆一下以前生活的点滴。因为如果换作是我，在医院走完人生的最后一段旅程时，肯定会这样做。

人生就是这样，有的事情能赶上，有的事情会错过。K先生的妻子肯定想在维持夫妻关系的同时，让自己更独立地活着。

拯救 K 先生的是他妻子留给他的一封信，据说信中是他妻子用右手艰难地写下的一段文字。果然，他的妻子觉得"说再见时心里会万分悲痛。但我没有遗憾。我很幸福，我自由自在地活着。大家都很欣赏我的活法，我很欣慰"。

当他看到这封信时，痛哭不止。他说多亏这封信，他才从"最后两分钟的诅咒中解脱了出来"。

"这封信是我妻子送给我的礼物，就是现在，我依然因为没能陪她到最后一刻而感到痛心疾首。妻子或许知道我们不能见最后一面了，于是才给我留了这封信。每当看到这封信，我就会想起我的妻子。起初，每次读它我都会泪流满面。我认为妻子是在鼓励我'努力活下去'。"

虽然他没有说太多，但似乎能从"最后两分钟"和这最后一封信中窥见孤独和死亡对他和他妻子的意义。对死亡的思考可能是妻子送给他最后的礼物。

***

在医院去世时，家人可能不在现场。比如，在家人轮流陪护间隙，患者可能会一个人离开这个世界。当然，最理想的送别场景是家人围在床边，说"这一辈子，你真的很努力"。不过需要清醒地认识到，现实中这种场景并不多见。想到这一点，我觉得死在医院与死在家里并没有什么区别。

关于孤独死，虽然没有日本的全国统计数据，但我们可以参考一下地方相关统计数据。比如，日本内阁府2017年《高龄社会白皮书》中统计的"东京23区65岁及以上独居者死于家中的人数"为3127人。这一数据比2003年的451人高出近6倍。现在，人们大都死于医院和养老院中，不过仍有相当多的独居者悄然地死于家中。

人们普遍认为"去世前身边没人守着，有些可悲可怜"，把孤独死看作悲剧。然而，越来越多的独居老年人在生病后仍选择留在家中，提供家庭护理服务的地区尤其如此。我所在的地方，46 年前就开始提供家庭护理服务了。

即便你一个人住，只要出于本人意愿，也可在家安度晚年。现在，家庭护理服务非常专业，所以老年人在临终时起码会有医生或护士守在床前。当然，也有看护不周的情况。

大约 20 年前，诹访中央医院前院长患上胃癌，并且癌细胞转移到了多个脏器。他说："镰田老弟，我觉得人啊，还是死在自己家里好。"

在我推行家庭医疗服务改革时，他曾说"希望自己也能享受到这种医疗服务"。

他真的在自己的家里去世了。家人和朋友围着他，让他在临终时倍感温暖。在生命的最后，与其被医生和护士抢救来抢救去地折腾，还不如安静地待在家里，平静地离开这个世界。能否按照自己的意愿迎接人生的结局，要看本人的独立意识和行动。

即便是一个人生活，那些选择死在家里的人，也往往有着强烈的独立意识。当然，与养老院和医院相比，待在家里也有其缺点。不过，与能让你获得自由，得到不受干扰的独处时间这个优点相比，缺点就不足为道了。

孤独死被大家看作可怜的、遗憾的、必须避免发生的事情。但孤独死真的是悲剧吗？我不这么认为。媒体经常将孤独死归咎于政府的疏忽。于是，政府不得不采取措施试图将孤独死人数控制到最低。

自经济高速增长以来，日本人理所当然地接受了村落社会的崩溃，以及泡沫经济破灭后集体社会的崩溃。人们热切希望分散开来，过一种无拘无束的生活。也就是说，大家很期待孤独地活着。

早前，我谈到过点头之交。我们在追求独居和与喜欢的人在一起的自由的同时，也有陪伴别人、远离不喜欢的人的自由。虽然孤独死的人越来越多，但是孤独死难道不正是我们自己选择这种生活方式想达到的终极目标吗？

既然选择了无拘无束的生活，那么"在临终时想有人陪伴"的想法本身就是自私的。如今，想必有很多人会说，"如果自己能安逸地死去，不给别人添麻烦，那么我愿意一个人活着、一个人死去"。

***

当然，也有不能幸福、安详地死去的"悲苦的孤独死"。因此，无论如何我都不会赞颂孤独死。新冠疫情期间，不仅有很多人迫于巨大的经济压力选择自杀，也有很多年轻人被病毒感染孤独地离开这个世界。

行政和福利部门应该采取措施，帮助这些悲苦的孤独死者。当然，也不能一刀切，应根据其本人意愿，区别对待。

孤独死不单单是人际关系不好或身世凄苦的个例问题。即便有伴侣或家人，一个人也可能会因为丧亲或分家而独立生活。这就不难理解，为什么在日本 65 岁以上人群中，高达 49.5% 的人在独居了。

独居家庭数量的增加与小家庭化的社会形态不无关系。这也是人们摆脱束缚、选择自由人生的结果。因此，我认为我们无须厌恶孤独死，而应该去改变个人意识和社会意识，使其不致发展成威胁或悲剧。

独居生活，在死后被人发现，如果人们把这种死亡看作"自立死"而非孤独死的话，我想会有越来越多的人选择这种死法。

我和《晚年一个人生活是幸福的》作者辻川觉志先生聊过。他在大阪有自己的诊所。在与他聊天时，我体悟到即便一个人孤独地死去，也没有必要用"孤独死"这个词来把它强调成社会问题。我想，一波新的浪潮正在涌动。

到了 60 岁，人就必须学会独立生活，充分利用独处时间做自己喜欢做的事情。即便有家人、朋友和工作，也要做好独立生活的心理准备。

* * *

一般来说，人们往往认为"独居生活，孤独地死去"很可怜。不过，如果自己想得开、大家也理解，那么在自己家里走完人生最后一段旅程也很不错。

当然，独居也分好多种情况，有的是孤苦伶仃一个人，有的是或近或远有家人陪伴。

除物理意义上的距离外，与家人情感上的距离感也会左右独居感受。比如，无论你多么想死在家里，家人都有可能反对，他们大概会担心"家人不在身边的时候，万一出事了怎么办"。但在了解家庭医疗和家庭护理现状后，他们就可以放心了。因为即使是孤独终老的人，也能在家里顺利地离开这个世界。

虽然目前日本在医疗保险制度和长期护理保险制度方面存在很多不完善的地方，但如果你接受家庭医疗、合理使用长期护理服务的话，就可以一个人生活，在家中体面地死去。特别是癌症患者，其"死亡时间"在一定程度上是可以预测的，所以完全可以做到一个人在家里离开这个世界。

F女士去世时82岁，一直独居。她没有结过婚，租住在廉租房中，多年来一直接受政府救助。在那之前，她曾做过兼职工作。

她患有慢性呼吸衰竭，一直接受家庭氧疗服务。随着年龄增长，她的身体越来越虚弱，身体机能逐渐衰退。到了最后半年，她甚至出不了门，只能让朋友帮着去超市买东西。即便如此，她还是笑着说："我不想去医院或养老院，还是待在家里好。"

她将自己最宝贵的东西送给了朋友。这是一次美妙的断舍离。冬天我去她租住的廉租房看她，看到煤油炉上放着地瓜。她说："这是朋友送给我的地瓜，很好吃。先生您尝一下吧，可以补充体力哦。"

她一生都在努力做些力所能及的事情，尽量不麻烦别人。尽管孤独地生活着，但通过巧妙地分泌一种叫作催产素的大脑物质，也就是人们常说的"羁绊激素"，避免了被社会孤立。她有很强的孤独意识，非常重视自己的独处时间。

如果在医院，有熄灯时间，半夜没法看电视。在自己家里，不管是半夜还是白天，想看电视随时就看，想睡觉随时就睡。她的生活方式感染了身边的人，大家从未离开过她。即使你没有钱，凭自身的能力，也能交到朋友。不怎么参与集体活动的她，看起来也越来越酷了。

直到生命最后，她都很珍惜自己的独处时间，最后死在了自己家里。这真是太棒了！当她去世后，一些朋友过来为她送别。她为自己精心设计了异世界之旅，我觉得这样做真的很酷。

***

待在家里，你想吃什么就吃什么，想什么时候睡就什么时候睡，想什么时候醒就什么时候醒，可以随时与人会面，可以把电视或音响的音量开得很大。这就是待在家里的好处。

你要想办法尽量减少居家的不利因素。将所有的必需品放在床头以便随时取用，或者将食物和饮料放在床头柜上。这种聪明的做法消除了诸多不便，能使你在生命的尽头也可以完全独立地生活。

不过，也应该尽量得到子女和周围朋友的理解。即便子女有所顾虑，也要坚持自己的想法，任性一点也没什么不好。然而，我想如果一个人坚持留在家里，那么他的家人会支持他的想法。争取家人和周围人的理解，是独自在家死去的前提。

另一件重要的事情是精神自立。"命由己造"的个人哲学非常重要。过了 60 岁，就要培育自己的这种独行精神。这样，我们就可以改变子女和周围医护人员的想法。

***

曾为中日龙之队效力、当过本垒王、后来任日本火腿株式会社监事的大岛康德去世了，享年 70 岁。令人惊讶的是，他在去世 20 天前仍在广播中解说棒球比赛情况。他的病情一直很严重，情况稍有好转后他便要求回到自己家，好好观看他最喜欢的棒球比赛。这对他来说比命还重要。

你想选择的生活方式会影响你的治疗方案。患者有权自行决定自己的治疗方案。一生中经历过什么，背负过什么，都会影响你的决定。这种选择不是三言两语可以形容的，没人知道哪个选择是正确的。

大岛先生有其独到之处。他一边准备走向死亡，一边自主决定自己的人生。他从不后悔自己的决定。

"我做了自己想做的，我很满足……不再奢望什么了。我已到迟暮之年，总有一天会离开这个世界，这是我的宿命。我没有被病魔击败。我要过自己主宰的生活。在死亡到来之前，我会过着正常、充实的生活。"他的妻子和子女都理解和支持他的想法。大岛先生性格温和，有很多朋友。但他真正的魅力在于脚踏实地地活着。我觉得这一点很让人钦佩。

一个人在离开这个世界前，肯定有一段孤独的时光。你可以利用那段时光彻底回顾下自己的一生。

"我很幸福"是多么朴实的表达啊！希望大家都能带着美好的回忆与世界告别。希望这样的时代早日到来。

按自己的意愿走完生命的最后一程

曾经听一位专门提供家庭护理服务的医生朋友说，有一个人不顾家人反对，说"就是死，也要死在榻榻米上"。这个人就是 93 岁的 M 先生。他的妻子很久以前就去世了，他没有子女，所以长期一个人生活。在他哥哥去世后，他就没有什么亲人了。

"我绝对不去医院或养老院，我想死在榻榻米上，请帮我实现这个愿望。"这似乎是 M 先生的口头禅。那时，他反复进出医院，厌倦了医生和护士的叮嘱。中途，他因肺炎发高烧，但即便如此，他仍拒绝住院，称"能在家治好最好，治不好也没办法"。他是一个意志坚定的人。

他的身体状况越来越差，最终穿上了纸尿裤。但不管在哪儿，我都不会打趣他说"纸尿裤用着也不错吧"。他卧床不起，我很担心他得褥疮。在向他推荐护理床时，他拒绝道："不用，普通的被褥最舒服。"

对他来说，最好是躺在护理床上。这是再自然不过的事情，但他不遵循常规。他在榻榻米上铺上垫子，然后说"我要死在这里"，我认为这是一个精彩的生活场景。他不想为了活着而向生活妥协。在养老院被陌生人照顾会让他很不自在。我觉得独居生活就是做自己喜欢的事，按自己的意愿走完生命的最后一程。

喜欢把"一个人也没什么"挂在嘴边的 M 先生很快就去世了，他躺在榻榻米上离开了这个世界。这真是如约而至的"孤独往生"。要想拥有如此美好的自立死，就应该从开始变老的那一刻起习惯一个人生活，习惯恰到好处的孤独，这样就能让自己做出最合理的决定。

* * *

我在任谏访中央医院院长时，经常听到临终患者为自己做过的事情而悔恨。人在离开这个世界前，总会有些追悔莫及的事情。因此，趁着身体还健康，做自己想做的事情，不给人生留遗憾。例如，如果还能活一年的话……

- 只要体力允许，我想去旅行。
- 我想和家人一起度过快乐的时光。
- 我想用最后的力气完成工作。
- 死之前，我想吃好吃的东西。

大多数人会说他们还有很多事情没做。如果搞不明白自己想要做什么，当被告知还能活多久时，人就会感到沮丧。如果你为自己的人生设定一个"终点"，你就会明白哪些事情才是重要的。

在送走许多临终患者后，我发现人在离世前总会回顾自己的一生。那些即将离开这个世界的人，在一点点地梳理"一生中值得骄傲的事情"和"一生中后悔的事情"后，坚信自己的一生并没有虚度，最后安详地离开这个世界。

大多数人每天都在忙碌，不去反省自己的生活方式，意识不到对自己来说真正重要的事情是什么。可以说，整理过往，让自己安稳平静地活着就是在人生的最后阶段独来独往的行动。

***

现在，越来越多的人死于自立死和满意死。不过，有些人是带着遗憾离开的，希望自己能做得更好或希望自己能换种活法。

有一位父亲跟自己的大儿子闹翻了。当这位父亲癌症晚期时，他的大儿子没有回家来看望过他。他很想念自己的大儿子，可怎么也说不出口。

这位父亲是一个不苟言笑的人，在子女教育方面异常严厉。说是严厉，在外人看来简直是在虐待孩子。尽管周围的人都劝他大儿子来医院看望一下自己的父亲，但大儿子拒绝了。

去世前一天，当被问及有什么遗憾时，他回答"想见见儿子，都是我不好"。我立即将这些话转告给他大儿子，但为时已晚。大儿子没能见上父亲最后一面。一位亲戚说，当大儿子听到父亲说的那句话时，泪流满面。

遗憾的是，我们没能让他们父子见面。不过，我想他们父子在内心早已和解。建议大家回顾一下自己的一生，尽量不要留下什么遗憾。

我们经常能听到"我想和家人再去旅行""再坚持一下就好了"之类的话，我明白那种不想留遗憾、不想后悔的感觉。

但是，人都是独立的存在，所处的时代、社会背景不同，所看重的事物也都不同。

有的人去世前，说自己活得很充实，有的人留下年幼的孩子带着遗憾离开这个世界。并不是所有人都能享有的美好结局，都能有"无憾人生""美好人生"。

***

尽管如此，我还是告诫自己要抱着享受孤独的心态去生活，这样在生命的尽头，才能没有遗憾，感到自己的人生是完美的。

当你独处时，你会看到原本看不见的事物的本质。一个人待着时，才更容易明白自己应该做什么，能看清自己生活本来的样子。最终，当你发现"恰到好处的孤独"时，你的孤独感和恐惧感会减少，你的生活也会变得更精彩。告诉自己的愿望肯定会实现，充实地过完自己的一生。

生活中会发生很多事情，比如生病、伤亡、事业或婚姻失败、学校或职场人际关系挫败，等等。在这时，你可能会对自己的生活方式产生怀疑，失去生活的动力。

席卷全球的新冠疫情加剧了这种趋势。事实上，在2020 年日本内阁府生活满意度调查中，32.1% 的人表示"非常满意"和"比较满意"，36% 的人表示"不满意"。也就是说，1/3 以上的日本人对自己的生活不满意。

此外，调查结果还显示，现在日本人的生活满意度与新冠疫情前相比明显下降，特别是在享受生活和与社会联系方面，满意度最低。

一个人的人生在很大程度上会受到自身以外因素的影响。事不遂人愿的情况比比皆是。但是，最终做出什么样的决定，就要看个人的想法了。我想，这就是人生本来的样子。

孤独的妙趣在于思考生命的意义

我认为，我至今所提倡的孤独的妙趣，归根结底就是思考生命的意义。

新冠疫情结束后，社会形态和个人思维方式较疫情之前发生了很大的变化，很多人的生活变得越来越艰难。

为了过上美好的生活，不管在什么时候，我们都应该珍惜那些让我们微笑、帮我们一路前行的人和事。换句话说，我们要保护对我们来说真正重要的东西。

我认为，思考生命的意义就是要弄清楚自己最需要什么。正是这些重要的东西赋予了我们生命的意义。

67 岁患有失智症的 S 先生曾列过一个清单，标题为"我的喜悦"。他记下了让他感到幸福的事情，比如"饭菜很好吃"。同时，他还写了"七大原则"，为其他失智症患者注入了新的能量。他很想帮助别人，或许正是这种乐于助人的意志在支撑着他的生命。

他还列出了 10 条"可以做到的事情",比如"可以自由购物""可以自己做决定"……或许这就是他看淡生死的原因之一吧。

因为患有失智症,他经常会忘记朋友的名字,有时会在凌晨 3 点醒来。他的烦恼或许比那些岁数很大的老年人还要多。他通过列出自己的喜悦、原则和可以做到的事情来鼓励自己,我认为这一点真的很了不起。

如果我的生命还剩一年,那么我会列出所有能让自己快乐的事情,比如自己的使命等,而不是为了家人或别的什么人而活着。调整一下自己的生活方式吧,这是60 岁以后,独居的人所必须正视的问题。

从 60 岁起,大家会进入真正的孤独期。到了 60 多岁,人们应尽量独立生活,主宰自己的人生。不过,在珍惜独处时间的同时,也不要忽视与社会的联系。这就是"独立惜缘"的含义,是我主张的生活理念。

时刻准备人生谢幕，好好与这个世界告别

我时刻准备着死亡。我并不介意早早地离开这个世界。虽然我无法决定那天会在什么时候出现，但我相信那一时刻早已命中注定。

人总有一天会死，这就是我想无怨无悔地享受人生的原因。这个想法早已深深扎根在我的心里，我不仅是这样想的，也是这样做的。

死的方式有很多种。其中，心源性猝死一般不用受什么罪，比如在演讲中心脏突然停止跳动，离开这个世界。我很贪心，我觉得临终前享受一下家庭护理服务也很不错。

一般来说，日本人很忌讳聊这些。大家认为准备死亡是件不吉利的事情，但我恰恰相反。我觉得每个人都应该理性地考虑一下应该怎样面对死亡，这样才能大胆地活下去。

我长期从事社区医疗工作，发现那些人生圆满的人，在去世前都思考过各种各样的问题，大都做好了心理准备。如果你认为人生难测，或许明天就会离开这个世界，你就会珍惜今天和明天。思考死亡，也是在思考自己的人生。如果你已经决定了如何结束它，在剩下的日子里你就会好好地活着。

最近，尊严死和安乐死成了热门话题。各项调查显示，70%的日本人表示当生命垂危时，不想接受续命治疗。然而，在现实中，大多数人并没有做好这种心理准备。

现在，我的钱包里仍留着一张我制作的尊严死亡卡。在上面，我写下了离世时的愿望。上面清楚地写着"我不接受不合理的续命治疗。我不需要呼吸机，也不需要插胃管"。是否想要续命治疗，取决于你本人。因此，这个问题没有正确答案。你要明确自己的想法，我认为这是晚年独立生活的第一步。这样做，你对死亡的恐惧会大大降低。我强烈推荐大家提前准备好自己的身后事。这样做，你会想只要活一天，就要活得精彩。你会主宰自己的人生，过上幸福的生活，不给人生留下什么遗憾。

前面我曾介绍过，某项调查发现"1/3 以上的日本人对自己的生活不满意"。然而，这些不满意的人到了晚年独立生活后可能会改变态度。

如果大家读完这本书，能摆脱消极人生，明白"不要发牢骚，顺其自然，生活很有趣""反正早晚都得死，早一天晚一天无所谓"的道理，我想我写这本书的目的就达到了。

***

男人和女人都能过上休闲自在的生活。我见过小说《独活好手册》（这部小说后来还被拍成了电视剧）的作者朝井麻由美女士。她是一个很有趣的人，喜欢尝试一切新鲜事物。

我见过研究单身人群的专栏作家荒川和久先生。据他的观察，在日本，现在已有越来越多的人开始享受独处。大家不受束缚地生活着，不再关注身后事。

我还见过遭受过教育虐待并从抑郁症中走出来的作家古谷经衡先生。他与狠毒的父母断绝关系后改名换姓，彻底断绝了家庭关系。"不过，后来我还是结婚生子了。于是，我断绝了一切可以断绝的关系，不让自己也变成狠毒的父母，避免自己的悲剧在孩子身上重演"。他不被关系错觉欺骗，精心守护好人际关系，果断摒弃了不好的人际关系，让自己独立地活着。

换句话说，自己的人生，应该由自己做主，这就是极致的独立精神。所以，直到生命的最后一刻，自己的事情都要由自己做主。我认为这才是真正重要的事情。

我要留下一份亲笔遗嘱。在我死后，我会将一定数额的遗产捐给我加入多年的 JCF 组织（日本切尔诺贝利团结基金，一个救助切尔诺贝利核事故受害者的组织）。

当然，我征得了家人的同意。需要注意的是，你要亲笔写下自己的名字、日期以及整个遗嘱内容（可使用圆珠笔，也可使用钢笔；可使用普通印章，不过最好使用注册印章；当然，你也可以写下期望的葬礼的举行方式）。

如果改主意了，那么你也可以随时修改你的遗嘱。至于我刚才提到的续命治疗，当你身体健康时，你可能会想越长寿越好。但当你被病魔折磨时，你可能会改变主意，认为"想做的事情我都做了，没什么遗憾了，没必要为了多活几天去接受续命治疗"。每次改主意时，重新写一份遗嘱就好了。

有了立遗嘱的想法后，我也写下了对葬礼的想法，甚至想好了葬礼邀请卡的措辞：

我悄悄地离开了。有生之年，承蒙关照！最后竟没有跟您好好道别。我想我在另一个世界肯定会生活得很幸福，请您不要担心。请您好好生活，毕竟人生只有一次。祝您快乐、长寿！谢谢！再见！

我自由自在地度过了自己的一生，也想按照自己的意愿设计人生的谢幕仪式。我不接受续命治疗。趁着还有力气的时候，我想去小型演奏厅听爵士乐。如果可以的话，在回家的路上能吃到敬二寿司就好了。或者，如果到了癌症晚期，没受什么罪就能死掉的话，我想我的人生就算圆满了。

大约 10 年前，我认识了一位乳腺癌晚期患者。她在山梨县北杜市独自经营着一家咖啡店，生意兴隆。她是一个很有魅力的人，周围的人都是她的"粉丝"，但她也很珍惜自己的独处时间。

她小时候在家里备受虐待，于是早早地离开了家，好不容易才勉强活了下来。以前，我经常能听到她诉说"对家人的怨恨"。有次，当我再次听她给我讲自己的故事时，我感到她有所变化，也许她在内心已经与家人和解了。如果人们能坦然接受现实的话，或许就会看到人生美好的一面。

大概是做好了离世的心理准备，她制作了临终前听的音乐磁带。她选的最后一首歌是伊迪丝·琵雅芙的《玫瑰人生》。尽管她很长时间生活在怨恨和痛苦中，但在生命的最后时刻，她仍然相信生活是美好的，"不论经历的是好还是坏，都坦然接受吧，去另一个世界好好活着"。我想她已经坦然接受了一切，所以淡定地离开了这个世界。

***

我觉得死在哪里都可以。我喜欢长年居住的茅野町，所以我认为死在诹访中央医院的临终关怀病房里就很不错。但是如果让我自己选择的话，我更喜欢死在岩次郎小屋。岩次郎小屋是以我父亲的名字命名的，父亲养育了我，所以在岩次郎小屋迎接人生终点也很浪漫。

不过，在我看来，最酷的死法是在伊拉克难民营或切尔诺贝利辐射污染区为儿童体检时猝死。多年来，我一直在为这些地区提供力所能及的帮助。在去这些地方的途中猝死也不错……这样，我就可以安心地去另一个世界了。当然，也有天不遂人愿的时候。对于生命的长短，你无法掌控。所以，我尽量不去担心那些自己无能为力的事情。即使在生命的最后一刻，我都想自己做主。我正在摸索怎样前往另一个世界。

世界终究是自己的，过好这一生才不枉此生

　　我的生活中充满了小小的遗憾。小时候，我非常喜欢棒球。在初中棒球队，我是游击手，总会拼尽全力去打球。但是，我知道自己成不了顶级棒球手，最后退出了棒球队。

　　到了高中，我加入了剑道部，被选为团体战五人组的成员之一，但我知道自己打不过那些自幼学习剑道的高手。我想赢，所以只能用些拿不上台面的小计谋，从来没能堂堂正正地赢过对方。高三时，我退出了剑道部。

到了大学，我再次加入了棒球队。这次，我当上了队长，是捕手。我很清楚自己几斤几两。参加棒球队，可能会多多少少地提高一下自己的水平，但绝对到不了"靠打棒球混饭吃"的程度。多次的比赛经历，让我清醒地认清了自己的极限。

内心深处，我一直喜欢独来独往。

大学毕业时，我觉得留在大学里与同事争来争去的工作并不适合自己。这是一个非常酷的借口。其实，我是觉得自己能力不够，还缺少毅力和拼搏精神。

我选择了诹访中央医院—— 一家医生短缺的医院。这家医院缺少技术精湛、指导新人的医生，所以自己稍稍努力，就能在这里出人头地。

我非常喜欢东京，但我放弃了东京。或许，当时的我在内心深处已经喜欢上了孤独。

39 岁时，我当上了院长。我的目标是让医院既盈利，又有温馨美好的医疗环境。为此，我付出了巨大的努力。可以说，我已经竭尽全力了。

56 岁时，我辞掉了院长一职，心想"自己辞职后，医院可能会有更好的发展"。但更重要的是，我想一个人生活，花更多的时间独处。那时，我想要独处的欲望特别强烈。

我感觉自己一边在思忖自己的能力、喜好和意志力，一边在不断地放弃；一边谨小慎微，一边又大刀阔斧。这就是我的人生。我现在相信，人生就是在不断地取舍。

有很多人大概在不知不觉中开始了独立生活。60 岁前，你应该逐渐增强独立意识，学会独自行动。那时，你不再惧怕人生的变故，能体会到人生的精彩，又像个孩子一样想调皮捣蛋了。我觉得 60 岁是宣布独立生活的好契机。

　　人的一生会经过很多十字路口。我们总是面临二选一或多选一的抉择。此时，你只需选择能让自己的人生更积极的一个选项。即便你觉得自己选错了，只要你冷静地接受这一现实，我想你也会成就自己的人生。

　　独处对每个人来说都很重要。不过，我也说过，如果你像修行一样实践孤独或变得过于孤独的话，可能会影响你的寿命，你患上认知障碍疾病的概率也会翻倍增加。

　　尽管如此，请在日常生活中尽量融入一些独立生活的要素。我想这一点，谁都能做到。最终，你的生活态度会助你独立生活，你的独处时光会变得精彩。最后，你可根据自己的喜好巧妙地延长独享的、不受束缚的时间。你的身心会自然而然地得到调整，真正的人生由此开始。不知不觉中，你将成为一个充满魅力的孤独达人。

CHOUDOII KODOKU

by Minoru Kamata

ISBN：978-4-7612-7583-9

Copyright © 2021 Minoru Kamata

Original Japanese edition published by KANKI PUBLISHING INC.

Chinese (in Simplified character only) translation rights arranged with KANKI PUBLISHING INC. through Bardon-Chinese Media Agency, Taipei.

Simplified version © 2024 by China Renmin University Press.

本书中文简体字版由 KANKI PUBLISHING INC, JAPAN 通过博达授权中国人民大学出版社在全球范围内独家出版发行。未经出版者书面许可，不得以任何方式抄袭、复制或节录本书中的任何部分。

北京阅想时代文化发展有限责任公司为中国人民大学出版社有限公司下属的商业新知事业部，致力于经管类优秀出版物（外版书为主）的策划及出版，主要涉及经济管理、金融、投资理财、心理学、成功励志、生活等出版领域，下设"阅想·商业""阅想·财富""阅想·新知""阅想·心理""阅想·生活"以及"阅想·人文"等多条产品线，致力于为国内商业人士提供涵盖先进、前沿的管理理念和思想的专业类图书和趋势类图书，同时也为满足商业人士的内心诉求，打造一系列提倡心理和生活健康的心理学图书和生活管理类图书。

《写作即疗愈：用文字改写人生》

- 作者埃利森·凡伦是作家、演说家和写作教练。
- 要为生活打开新的局面，语言是你可用的最有力的工具之一。

《独处：安顿一个人的时光》

- 从社会现象和人的精神角度带领我们去认识孤独，从心理学和哲学角度向我们展现了独处的意义。
- 只有学会了更好地独处，才能更好地把握人生。